乡村振兴战略之人才振兴
职业技能培训系列教材

家政服务员
实用技术

刘庆帮　郭宏翠　李书林 ◎ 主编

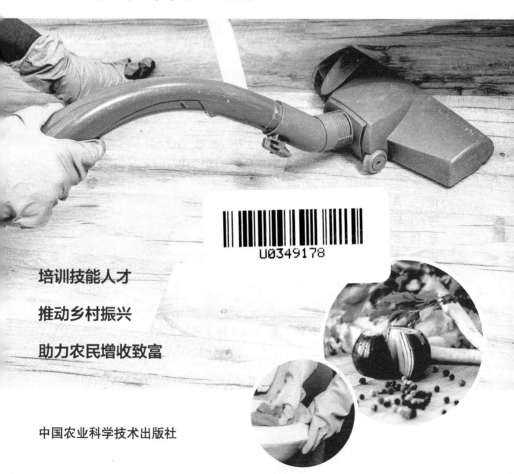

培训技能人才

推动乡村振兴

助力农民增收致富

中国农业科学技术出版社

图书在版编目（CIP）数据

家政服务员实用技术 / 刘庆帮，郭宏翠，李书林主编 . —北京：中国农业科学技术出版社，2019.6（2022.1重印）

ISBN 978-7-5116-4182-3

Ⅰ.①家… Ⅱ.①刘…②郭…③李… Ⅲ.①家政服务-职业培训-教材 Ⅳ.①TS976.7

中国版本图书馆 CIP 数据核字（2019）第 088194 号

责任编辑	崔改泵
责任校对	李向荣

出 版 者	中国农业科学技术出版社
	北京市中关村南大街 12 号　邮编：100081
电　　话	（010）82109194（编辑室）　（010）82109702（发行部）
	（010）82109709（读者服务部）
传　　真	（010）82106650
网　　址	http://www.castp.cn
经 销 者	各地新华书店
印 刷 者	北京捷迅佳彩印刷有限公司
开　　本	880mm×1 230mm　1/32
印　　张	3.625
字　　数	98 千字
版　　次	2019 年 6 月第 1 版　2022 年 1 月第 2 次印刷
定　　价	20.00 元

《家政服务员实用技术》
编委会

主　编　刘庆帮　郭宏翠　李书林

副主编：王　辉　王恩菊　马　峰　胡儒栋

　　　　任　宇　朱　艳　郝新爱　邹　鹏

　　　　邓格红　吴益莲　周德容　张向荣

　　　　张革伟

编　委：许文洁　张　明　李　勇　王明信

　　　　朱芳鹏　叶　清　任永泽

前　言

随着社会经济快速发展，我国家政服务业面临新的发展机遇，具有广阔的发展空间。传统的家政服务只是为家庭提供简单的服务，如保姆、钟点工等。随着居民对家政服务内容及质量要求的不断提高，如今的家政服务已由简单的家庭服务延伸到人民群众日常生活的方方面面。

本书主要讲述了家政服务员的职业道德、家政服务员的基本礼仪、家庭亲子沟通、家庭护理、制作家庭餐、家居保洁与美化、服装的洗涤与熨烫、家庭安全与防范等方面的内容。

由于编者水平所限，加之时间仓促，书中难免有错误之处，恳切希望广大读者批评指正。

编　者

目　　录

第一章　家政服务员的职业道德

第一节　家政职业道德的内容

一、勤快主动，服务周到

主动问候，周到服务，体贴入微，想客户所想，急客户所急，千方百计帮助客户排忧解难。对工作有耐心，对人有爱心。受雇于某一个家庭，完成某种家务是雇佣双方事先的约定，是家政服务员的本职工作，应努力完成服务内容。家政服务员在服务中要有主人翁意识，把雇主的事当作自己的事去做。同时，要掌握分寸，主动征求雇主的意见，接受他们的服务指导。

从事家政服务工作要破除自卑、怕羞、胆怯、多疑等不正常心理，大胆同雇主接近，寻找双方在利益、兴趣、性格、为人等方面的共同点，并不断发展扩大这些共同点。如果总是寡言少语、消极应付，有意无意地躲避与对方的交流，雇主易产生排斥心理、不认可你的工作。

二、诚实守信，说一不二

家政服务员主要与雇主及其家庭成员打交道，因此在完成雇主交给的任务或同家庭成员有什么约定时，一定要诚实守信。诚实守信是一种品质，具有这种品质的人，才会给人一种靠得住、信得过的感觉，人们就愿意把需要办的事委托给他，才可以成为家庭中可靠、可信的人。

三、遵纪守法，文明礼貌

遵守国家各项法律、法规和社会公德；执行《公民道德建议实施纲要》，自尊自强，爱岗敬业；遵守各项规章制度，维护雇主的合法权益。

四、自尊自爱，作风正派

家政服务员是一项光荣的工作。人与人之间本没有贵贱高低之分，只是由于社会分工不同，才有职业角色的不同。家政服务员以向对方提供服务为己任，其实质还是以自己的劳动获取正当收入，和雇主的人格是完全平等的。所以，家政服务员不应自卑，而应该自尊自爱，热爱自己的工作。与人接触时大方稳重，说话得体，热情主动，和蔼可亲。处理好与异性雇主的关系，保护好自身安全。

五、尊重客户，不干涉其家庭内部事务或矛盾

了解和尊重雇主的生活习惯，如饮食口味、爱好、起居作息时间、房间布置、生活用品放置等，切不可自作主张，按照自己的意愿去安排雇主的生活。

不干涉雇主的"内政"，对于雇主家各成员间的矛盾，切不可搬嘴弄舌，更不可挑拨离间，应多做有利于雇主家人团结和睦的事。

家庭是一个团体也是一块私人领地。个人家庭的秘密有隐私权，不容侵犯。家政服务员进入家庭后，一定要尊重家庭每个成员的隐私权。家政服务员对家庭中不应该知道的事，要做到不闻不问。当家中只有自己时，不能因为好奇而随意乱翻雇主家中的东西，更不应该将雇主家中的东西据为己有。遇到雇主家庭内部发生矛盾时，一般情况下不要参与，更不能偏袒一方或说三道四，需要劝解时也只能点到为止。不涉家私是家政

服务员职业道德的重要内容，也是家政服务员必备的品质。

第二节　案例分析

[案例1]

法盲使受害人变成犯罪人

安徽保姆于某是一个年轻的姑娘，来到北京从事家政服务工作。家住城区的一雇主将其雇到家中照看一岁多的小男孩。小于在这家工作了一年，就在这个时候男雇主强奸了她。由于文化水平低，小于不懂得用法律武器来维护自己的权益。遭受屈辱后的小于内心十分痛苦，但她又不敢将这件事告诉别人，也没有人能够帮助她排解内心痛苦。时间一长，这种痛苦逐渐变成一种仇恨，小于产生了强烈的报复心理，最终她采取极端的手段杀害了那个无辜的孩子。但是法律是无情的，她受到了法律应有的惩戒，成了罪人。错误的选择葬送了自己的人生。

思考：从这个案例我们能够学到什么？

分析：当于某受到雇主的性侵害以后，应该到公安部门报案，罪犯必然会受到法律的制裁。但是，于某没有选择正确的方法来维护自己的合法权益，而选择了极端错误的方法，结果使自己从一名受害者变成了罪犯。

[案例2]

一时疏忽酿成大祸

来自四川的家政服务员小琼，一来到上海就被明明的父母请到家中负责照看明明的生活起居。在明明的眼里，小琼是一个好姐姐，每天都会陪伴着自己，给自己喂饭、玩耍、洗澡，他特别喜欢小琼姐姐。在小琼的精心照料下，明明健康成长。有一天，小琼像往常一样搬出澡盆要给明明洗澡，过去小琼都是先向澡盆中放进冷水，然后慢慢对入热水，一边对入一边搅动待水温合适的时候，再给明明洗澡。可那天不知道为什么小琼先将热水倒入盆中，然后再用壶去厨房灌凉水。就在这个时候，听话的明明知道姐姐要给自己洗澡了，就主动向澡盆走去，一屁股坐到澡盆中，后果可想而知。尽管过了许多年，每当小琼想起这段往事，总是泪流满面，后悔万分。

思考：从这个案例我们能够学到什么？

分析：作为一名家政服务员，做事应当一贯小心谨慎。一次偶然的失误会给别人带来灾祸，也会给自己带来永远的痛苦。

[案例3]

大意引来杀身之祸

小王从家乡来到东部某沿海大城市从事家政服务工作，被一位雇主选中。雇主告诉她家中还有一位老阿姨，可以让老阿姨先带她一段时间，然后再让老阿姨回家。于是小王就在这个城市开始了新的生活。老阿姨有一个儿子也在这里打工，而且工作还是这家雇主帮助找的。在小王和老阿姨交叉服务期间，老阿姨的儿子曾经到雇主家来看望过自己的母亲，不久老阿姨回老家去了。

时间过得很快，转眼一个月过去了。有一天，雇主回家后发现小王被人杀死在家中，家中的财物也被人洗劫一空。此案经过公安机关的大力侦破，才得以真相大白。原来，一天下午小王一个人在家工作，突然听到有人敲门，小王隔着防盗门一看，是老阿姨的儿子站在雇主家的门外，说有事找雇主。由于小王认识他，没多想就打开了房门让他进入家中。

老阿姨的儿子是个贪图钱财之人，特别是他对雇主的家庭情况比较熟悉，因此早就预谋抢劫雇主家的钱财。而小王的大意不仅给犯罪分子创造了机会，还搭上了自己年轻的生命。

思考：从这个案例我们能够学到什么？

分析：作为一名家政服务员，一定要确保雇主的财产安全和人身安全，不与不熟悉的人乱拉关系，不带朋友到主人家中食宿或停留。主人不在家时有人来访，一定要征得主人的同意。

第二章　家政服务员的基本礼仪

礼仪形象是个人内在修养的外在体现，反映了一个人的内心世界，良好的礼仪形象既是社会交往中自尊自爱、尊重他人的需要，也是树立个人形象的需要。家政服务员良好的礼仪形象是推销自己的一张"金名片"。

第一节　家政服务员个人礼仪的基本要求

一、良好的仪表仪容

人的仪表、仪容主要包括容貌、服装、饰物、个人卫生以及姿态等。家政服务员必须以清洁端庄的仪表、得体大方的着装，使自己的形象符合现代家政职业的要求。

（1）清洁端庄的仪容。

①头发经常梳洗，整齐光洁，长发束起，发型大方，不使用浓烈气味的发乳。

②脸部干净。女士可适当化妆，但以淡妆为宜，不可浓妆艳抹，避免使用气味浓烈的化妆品。

③每天早晚坚持刷牙，饭后漱口，保持口腔清洁无异味，少吃刺激性气味的食物。

④经常洗澡，经常更换内衣。

⑤经常修剪手指甲，不涂指甲油。饭前便后必须洗手。

⑥经常修剪脚趾甲，每天睡前最好用温水洗脚，以防止脚汗或脚臭。

（2）得体大方的着装。

①着装要与家政职业相适应。在雇主家的服饰应体现整齐、清洁、舒适、大方，方便工作。

②着装要与自身外形、年龄、经济条件相适应。家政服务员要通过服装的款式、色泽、质地等因素使个人形象更美。

③着装要与季节温度相适应。如果室内外温差较大，外出应注意防寒保暖，入室要脱掉外衣便于工作，夏季外出应注意消暑防晒。

④鞋袜要经常换洗，保持整洁。女士穿黑色皮鞋、布鞋，注意袜子的协调搭配，鞋子应保持清洁，皮鞋要保持光亮，如有破损应及时修补，不得穿带钉子的鞋或拖鞋。

⑤根据工作需要，穿戴相应保护用品。例如，做清扫工作时，应穿保护服或戴上围裙、工作帽、套袖等。不要穿着有污垢的衣服去厨房操作或抱小孩；下厨工作最好戴上帽子和围裙，保证食品卫生安全。

⑥在雇主家中工作时，不要佩戴耳环、项链等饰物。戒指一般只戴在左手，而且最好仅戴一枚。戒指戴在中指上，表示已有了意中人，正处于热恋之中；戴在无名指上，表示已订婚或结婚；戴在小手指上，则暗示自己是一位独身者；戴在食指上，表示无偶或求婚。如果手上戴好几枚戒指，既显得俗气又有炫耀财富之嫌。

（3）家政服务员禁忌的仪表仪容。

①不得过分裸露。凡是能展示性别特征或个人姿色的身体部分（如胸部、腹部、腋下、大腿），均不得过分暴露。在正式场合，脚趾与脚跟同样不得裸露，平时在屋内穿拖鞋也要穿袜子。

②不得过分透薄。家政服务员着装不能过于单薄或透亮，不能让内衣和身体的敏感部位透露出来，否则便使人产生错觉，以致受"骚扰"。

③不得过分紧绷。家政服务员的着装大小松紧要合身，过分宽松会显得拖拉不精神，过分紧绷又会捉襟见肘，不便于工作，结果使自己身体凹凸毕现，甚至连内衣的轮廓也凸显在外，很不文雅。

④不得过分艳丽。家政服务员的着装色彩不宜过多、过艳，图案不宜繁杂、古怪、花哨，否则会令人眼花缭乱，给人以轻薄、浮躁之感；也不得浓妆艳抹、不得留长指甲、重色染指甲、留披肩发、戴耳环、戴戒指等。

⑤不得过分邋遢。家政服务员起床后不得带着眼屎、无精打采地工作；不得在工作期间满嘴异味；不得穿着布满褶皱、残破不整（如挂破、扯烂、磨透、烧洞或钮扣丢失等）或带有污渍（油渍、泥渍、汗渍、雨渍、墨渍等）而散发异味的衣服下厨、进卧室、抱小孩、接待客人、外出购物，否则给人一种懒惰、消极、缺乏教养、敷衍了事、精神不振的感觉。

二、优雅的行为举止

（1）站姿。站立时，双腿并拢，女士成立正姿势或丁字步，重心放在两个前脚掌上，收腹挺胸，两肩平行，双臂自然下垂或在体前交叉，头正，眼睛平视，下颌微收。切忌东倒西歪，驼背凸肚，含胸撅臀，探头歪肩，缩脖耸肩，两手抱在胸前或叉腰或手里玩弄东西。与别人交谈时，不要扭动身子，东张西望，晃动腿脚，也不要斜靠门、墙、桌等。

（2）坐姿。入座要轻、稳、缓，从座位的左侧走到座位前，转身后轻稳地坐下。女士如果穿有裙子应向前拢一下。坐椅子时应坐满椅子的2/3，坐宽沙发时要坐1/2。挺腰，挺胸抬头，下巴微收，上身自然挺直，双肩轻松平直，两臂自然地摆放在腿上，也可以双手叠放在椅子或沙发扶手上面。女士双膝自然并拢，双腿正放或侧放，双脚并拢或交叠。女性切忌风风火火、双腿叉开、跷二郎腿或摇腿、弯腰驼背、手托下巴、露出大腿等。

（3）走姿。走路时头正、颈直，步子略有弹力，脚步轻快，挺胸收腹，双臂自然摆动，显得自信、快乐、富有朝气。不要弯腰驼背晃肩，摇头扭胯，脚步不要拖拖拉拉，若有背包要背好或提好，不要甩来甩去。

（4）蹲姿。需要下蹲拾起落地物品或取低处物品时，女士要侧身站在所取物品的旁边，两腿略呈一前一后，上身保持挺直，不要驼背躬身弯腰。屈膝蹲下去拿时，两腿前后紧靠，合力支撑身体，一手轻挡前胸避免走光，另一手伸出去取掉在地上的物品。

（5）手势。手势是体态语言中最常见的，姿势多样，意思丰富，如引领、指示方向、拍手、挥手、招手、握手、举手、双手合拢、竖大拇指、伸小指等。特别要注意的是千万不能用一个食指指人，要用整个手掌指人。以右手为例，将五指自然伸直并拢，掌心斜向上方，腕关节伸直，手与前臂形成直线，手掌与地面形成45°角，整个手臂略为弯曲，大约呈140°为宜。

（6）表情态度。美国心理学家艾伯特·梅拉比安把人的感情表达效果总结成一个公式，情感的表达＝语言（7%）＋声音（38%）＋表情（55%）。可见，表情是内心世界的自然流露，是我们内心世界变化的外在体现。表情指人的面部情态，是眼、眉毛、嘴巴、面部肌肉以及它们综合反映出的心理活动和情感信息。

第二节　家政服务员日常交际的基本礼仪

一、电话礼仪

电话是现代人们之间互相联系的常用工具，家政服务员接打电话是日常之事，应掌握一些基本礼仪。

（1）日常礼仪。家政服务员一般在雇主家不可随便使用电话，除非有急事需要联系，在征得雇主的同意后，方可使用。当雇主或其他人在通话时，要根据实际情况选择"回避"，或埋头做自己的事，或自觉走开，千万不要侧耳"旁听"，更不要没事找事、主动插嘴，这是家政服务员的大忌。不与自己无关的人在电话里闲聊，不打听别人的私事，不随便把雇主家的电话号码告诉第三者。

（2）接听电话。在雇主家，家政服务员不要主动接听电话，除非雇主有明确的接电话指示。如果需要接听电话，在铃声响起即停止手头工作，尽快予以接听，一般铃声响过两三次就应接听电话，如"您好，这里是王（或×）家"（不能在不知对方身份的情况下，就告诉对方雇主或家人的全名），然后再问清对方以下事项：找谁及对方的姓名，如"请问您找哪一位""请问您怎么称呼""请您稍等"，而不能粗鲁地问"喂，找谁""你是谁""你等着啊"，这些回答都极不礼貌，会给雇主和对方留下不良印象；如果对方问你是谁，你要清楚地告诉对方"我是他家的服务员"。需要代为转告、留言时，要认真记录并复述一遍。结束通话时要说告别语"再见"，并让对方先挂断电话。

（3）拨打电话。要避免在他人休息和用餐时间拨打电话。通话前，可以把要谈话的内容列一张清单，这样通话时就不会出现边说边想、缺少条理、丢三落四的现象。通话时，语言要文明，一般问候完毕就直奔主题，切忌说无关紧要的内容，尽量把通话时间限制在 3 分钟以内。通话结束，应轻轻放下话筒，不能随便一扔或重重一摔，让对方有不知所措和不被尊重的感觉。

二、接待来宾礼仪

（1）接待准备。

①布置接待环境。家庭中接待客人的地方是一个家庭的对

外窗口，体现着家庭的情趣与爱好，因此要把接待客人的房间收拾得干净、整齐、明亮，营造一个美观、温馨的接待环境。要将主客交谈时要用的椅子或沙发、茶几等收拾好。接待房间空气要清新。根据不同季节，保证室内温度要适宜。有条件的室内可摆些花卉或盆景等，使室内显得生机盎然。

②准备接待物品。为了方便客人进屋后有放衣服与换鞋的地方，最好备有衣架与干净的拖鞋，要备好招待客人的茶具、茶叶及烟灰缸，另可根据雇主的要求准备些水果、小吃等。如果要宴请来客，要了解清楚地点、时间、人数、费用标准，做好相关的一系列准备工作；如果招待的是临时来客，要热情、大方、礼貌，如室内来不及整理可做些解释。家庭内部最好随时保持整洁状态。如客人用过的茶具，每次用完后要立即洗净备用。

③做好形象准备。家政服务员在接待来客时要注意自己的服饰和仪表，以端庄、大方、得体的形象接待客人，切忌穿着睡衣，不修边幅。

④做好心理准备。所谓"进门看脸色"，接待客人还要做好心理准备，要从心理上尊重各类宾客，善待宾客，待人接物热情开朗、和蔼可亲、温和有礼，从而给客人留下热情好客的好印象。

（2）做好接待。

①迎接客人。当门铃一响，要迅速应答，待问清来人姓名后开门迎客，并以亲切态度轻轻致意。先向客人礼貌问候，如"您好""请进""王总，欢迎您"，然后引导雇主与客人见面。如果是不认识的人（或事先无准备），可先问明对方姓名，并向雇主报告后，请客人进屋与雇主见面。如果客人需更衣换拖鞋，应主动协助；如果家中有小孩，要让孩子向客人问好；如果客人有小孩，应主动打招呼；如果客人手中有重物（不是礼物），应主动帮助放好，若客人手提的是礼物，不要主动上前应接。

②招待客人。客人进屋后，随着"请"的接待语和相应的手势把客人让到座位入座。如果在夏天，把客人让到凉爽的座位上；如果在冬天，把客人让到温暖处的座位上。客人入座后，送上茶水（夏天可征求客人喝何种饮料），为客人倒茶不能满杯，而要七分满。送茶时最好用托盘或者将茶双手送上，先宾后主，并轻声说"请用茶"，注意将茶杯放到安全处，并留心主动为客人续茶。续茶时，要将茶杯拿离茶桌，以免茶水倒在桌上或弄湿客人衣服。

宾主谈话期间，尽量不要在室内走动或干零活，在招待过程中可根据雇主的意思，送上水果或小吃等。如果客人带着小孩，应主动给小孩送上糖果、玩具，可让小客人与雇主家的小孩一起玩，或经过宾主同意，带小孩到室外玩。

如果客人主动与你聊天，要观察客人的心理，找客人感兴趣的话题和事物交谈，避开客人不愿涉及的事物，尽量让客人多说，自己洗耳恭听。

家政服务员如果收到熟悉的客人的礼物，要把礼物放到上座的地方，然后放到别的房间，如在门厅就收到礼物时，在室内寒暄时要再一次致谢。

③礼貌送客。当客人提出告辞时，家政服务员要等客人离座后，再随同主人相送。"出迎三步，身送七步"是最基本的礼仪。家政服务员要主动帮助客人取下衣服，同时用最合适的语言送别，如"希望您下次再来"等，如客人离开时带着较多、较重的物品时，应帮客人提到电梯口或汽车旁再告别。

三、用餐礼仪

（1）如果在无准备的情况下，雇主要留客人在家用餐，在做准备时应将雇主请到另一房间商量，了解清楚饭菜特点、丰盛程度等，切忌当着客人面做上述工作。

（2）用餐时入座要做到在他人之后入座，切勿抢先入座。

在适当之处最好从座椅的左侧入座，在向周围人致意后入座。若附近坐着熟人，应主动打招呼；若身边是不认识的人，亦应向其点头致意。

（3）使用筷子后，如果桌上有筷架，应将筷子放在上面；如果无筷架，可将筷子放在自己使用的小盘或碗上。

（4）个人盘内所盛的菜、饭要尽量吃净。

（5）请别人添饭时要双手去接碗。

（6）用筷子无法夹起的菜可用勺去帮助，不可用手接触菜。

（7）要双手去接别人斟满的酒。

（8）不喝酒时，不要将酒杯倒置。

（9）用餐时交谈要轻声，不要影响他人或邻桌。

（10）用完餐离座时应注意先有表示，如向身边在座的人说"请您慢用"，然后起身离座。离座应注意先后，如与他人同时离座，应让客人和主人先走，自己稍后离座；如双方身份相似，可同时离座。注意起身应轻缓，不要拖泥带水，不要弄响座椅、弄掉椅垫等。注意从座椅左侧离开座位，因为左出是一种礼节。

第三章 家庭亲子沟通

关系是否融洽，沟通是否顺利，是家政服务人员自身素养及获得口碑的最重要因素。有效地沟通，科学地为家庭服务，是营造民主、平等、和谐的家庭氛围的有效途径。

第一节 与雇主家庭的关系

一、充分了解雇主家庭的相关情况

家政服务员要想出色地完成家政服务工作，在掌握自己优缺点的同时，还要了解雇主的基本情况、家庭成员的关系、每个人的脾气、爱好以及生活习惯。

二、了解雇主的生活特点

（1）卫生、整洁方面。家政服务员在工作中应充分掌握雇主的卫生标准和卫生习惯，尤其在日常购物、烹调、清扫、洗衣和个人卫生等方面。

（2）饮食合理搭配，且注重营养的合理。

（3）严格起居作息时间。家政服务人员在做家务工作以及个人时间安排上，都应该与雇主的作息时间相吻合。

（4）情感生活方面。是否要求言谈举止稳重，是否要求说话方式含蓄或直接。

（5）勤俭节约方面。雇主是否有节约的习惯与心理。避免给雇主留下爱浪费、不勤俭的印象。

三、顺应雇主的生活习惯，努力缩小与雇主之间的差距

与雇主有不一致的地方，应主动与雇主沟通，说明情况，并努力克服个人不良习惯，顺应雇主的习惯，使自己的生活与雇主协调起来，这也是尊重雇主的具体表现。

四、雇主同样需要做出努力与家政服务员和睦相处

一是雇主要有尊重家政服务员的意识；二是耐心帮助家政服务员尽快适应和熟悉新环境；三是雇主要经常主动关心家政服务员；四是雇主对家政服务员在生活上应该多关照，感情上经常沟通，多鼓励，少批评，勿大声训斥，使其情绪稳定、安心做好服务工作，除非人品等原则问题；五是不要在待遇问题上死咬不放、斤斤计较。

五、雇佣双方互尊互重、和谐相处

雇主应正确看待家政服务员这份职业，能够从人格上尊重家政服务员；家政服务员也要遵守自己的职业规范，好好为雇主服务，尽职尽责，这样双方才能相处和谐。

第二节　与服务对象——孩子的关系

家政服务员进入家庭，一般来说有两类服务对象需要照料，一类服务的对象是婴幼儿（新生儿或学龄前）；另一类服务的对象是老年人（高龄老年人甚止失能老年人）。由于各个家庭的文化素养、个人习惯、爱好、目标不同，对家政服务员的要求也不尽相同。家政服务员要更好地服务于服务对象，必须了解并掌握婴幼儿或老年人的心理状态，具备一定的沟通与处理技能。

一、了解亲子关系

（1）儿童期的亲子关系。儿童期的亲子关系是从早期的亲子依恋发展起来的，它是婴幼儿与父母（主要是母亲）之间建立起来的、双方互有的亲密感受以及相互给予温暖和支持的关系。

有三种典型的母子依恋关系：安全型、逃避型、矛盾型。另外，还有一类是混乱型依恋。

（2）青少年期亲子关系。进入青春期，亲子关系面临巨大的挑战，亲子冲突与亲子亲和成为评价亲子关系质量的两个核心维度。

二、亲子沟通及基本策略

［案例1］ 如何帮助胆小的孩子

问题陈述：我现在服务的东家有个6岁女儿，今年下半年即将成为小学生。孩子胆子很小，在幼儿园里经常被小朋友欺负，也不敢反抗，只会回家哭诉。她父母只会态度很粗暴地告诉女儿：你怎么这么没用？不会还手吗？自己想办法对付……我看着都心痛，孩子在外面老被人欺负，我作为一名住家照顾这个女孩子的家政服务员该如何帮助她？

分析：这种亲子沟通是家庭教育中遇到的普遍问题，有调查显示，亲子沟通存在的问题表现为：沟通时间少，成人忙于工作、孩子忙于学习，相处和沟通时间少。沟通内容错位，直接造成成人与孩子的沟通障碍。双方沟通方式简单，缺乏沟通的技巧，成人更多以简单的要求、命令、训斥、指责为主，很少倾听孩子的想法，导致孩子不愿意甚至厌倦与成人沟通。

第一，弄清楚孩子被欺负的事实真相。因为什么被欺负？被欺负的方式与程度是怎样的？孩子的感受是什么？孩子自己是怎么看待这件事的？

第二，要鼓励孩子说出来。倾听孩子的陈述并观察孩子的肢体语言，如是否有伤？情绪是否良好？睡觉有无惊吓、哭闹？有无找理由不去幼儿园或学校？

第三，要坚持正面教育，正确引导，让孩子学会宽容他人。一般的推推搡搡，不必大惊小怪，这可能是孩子间的一种模仿游戏，也可能是孩子间特有的一种交往方式，可以抓住这样的事件对孩子进行适当的引导教育，教孩子正确地规避被欺负的场合。孩子间没有什么"深仇大恨"，成人不必参与到孩子间的纠纷中去，不要用成人的眼光去看待孩子间的问题，更不能用成人的思维方式去界定孩子的行为，抱着坦然的心态，顺其自然，让孩子自己去解决，这对培养孩子的分析问题能力、解决问题能力以及积累生活经验是大有益处的，相信经历是宝贵的。

第四，要教孩子学会适时寻求帮助。有些孩子确实存在攻击性，喜欢欺负别人，这可能与其家庭教养方式有关。作为被欺负的孩子家长，要教会自己的孩子在遇到欺负时寻求帮助，如通过老师与对方家长沟通交流，起到教育与改正的作用。

第五，要正确引导孩子与同伴建立良好的人际关系。对于6周岁左右的儿童，自我意识仍很强，利己现象非常明显，这样就很容易让孩子忽略他人的感受。一旦孩子凡事先利己而不会谦让，时间长了给人一种感觉：这个人真自私！这个人真不招人喜爱！如果一个孩子给别人这种感觉，就很难与人搞好团结，甚至会在儿童人际关系构建中产生困难，受到他人的排斥，导致孩子慢慢陷入孤独，没有人欣赏，没有人愿意接纳，为了获得他人的关注，会以攻击他人的方式呈现。同时在这个年龄的儿童，还有一种爱挑别人毛病的现象，如常看到别人的不足，不会发现自己身上的缺点。比如，总爱说别人对自己如何不好，而不去想自己对别人的态度是否友好。这些现象常会导致孩子以点代面去审视别人，有时会因为一件小事就出手伤人。这样的孩子进入青春期后，往往会带着一种强烈的感情色彩排斥他人，形成心胸狭窄、凡事斤斤计较的不良品质和情感习惯。

如果想让孩子拥有良好的人际关系，轻松融入到周围的大大小小环境之中，家庭成员必须要做好表率作用。培养孩子良好的人际关系，具体可以从以下几方面入手。

一是你要在孩子和玩伴在户外一起玩耍时做好观察了解。通过观察孩子的玩伴，你就可以发现这些玩伴的言行举止是否有礼貌，是否有不好的习惯。

二是可主动邀请孩子的玩伴来家里做客，一起玩耍。在家里最能反映出一个孩子的修养，从孩子的玩伴进门时的礼貌问候（很多孩子不会礼貌问候），到在家里玩耍时的秩序感（完全像在自己家里一样，随便打闹，出入各房间，无节制吃零食、水果、饮料），以及与你的孩子玩耍时表现出的言行（是否懂得谦让、宽容、分享等）。

三是通过和孩子的玩伴进行随机聊天，了解孩子父母的教育方式。在很多时候，孩子都会实话实说，如果父母没有进行适当的教育，孩子是不可能通过撒谎的方式来隐瞒的。

四是如果有机会，可以通过孩子的玩伴结识他们的父母。通过近距离地观察和交流，可以判断出孩子玩伴的父母是否有良好的品质和修养，是否重视家庭教育学习，是否重视对孩子的基本教育。

五是通过孩子其他玩伴去了解你所关注的孩子。如果多个玩伴都不喜欢某个孩子，说明这个孩子确实在行为品质方面有一定的问题。

当你综合上述各方面对孩子某一个玩伴有了客观的了解后，就可以寻找时机进行孩子的引导了。

［案例2］如何培养和引导孩子养成好习惯

问题陈述：我在这个东家家里带一名4岁的男孩。他活泼好动，特别喜欢搭积木，拼拼图，可是只要他在家一玩玩具，家就"遭了殃"。每次他乐呵呵地玩过瘾后，我就得花上个把小时将玩具归位。我希望孩子在游戏结束后，能和我一起整理玩具。可是，每逢我提出一起整理玩具时，他的小脑袋就摇得好似拨浪鼓。请问我该如何培养和引导孩子养成爱劳动的好习惯？

分析：英国著名心理学家希尔维亚·克莱尔认为，这个世界上所有的爱都是以聚合为最终目的，只有一种爱是以分离为目的，那就是父母对孩子的爱。父母真正成功的爱，就是让孩子尽早作为一个独立的个体从你的生命中分离出去，这种分离越早，你就越成功。

其实，我们不能小看孩子收拾玩具，这可是孩子提高自理能力、走向独立的第一步。生活中孩子都喜欢玩具，但会认真并主动地整理玩具的孩子却寥寥无几。

（1）关爱、理解、尊重孩子。

①关爱孩子，做孩子的朋友。

②理解孩子，走进孩子的内心。

③尊重孩子，平等相处。要尊重孩子的人格，尊重孩子的观点，尊重孩子的感受，允许孩子表达不同于成人的想法。

（2）学会倾听，实现双向沟通。

①摆正孩子在家庭、亲子互动中的位置。

②注意选择双方共同感兴趣的话题。

可以通过幼儿期特有的"泛灵论"心理，用幽默感和想象力启发孩子。"玩具宝宝想睡觉了，你愿意送玩具宝宝回家吗？""小飞机想念它的家了，我们帮它飞回家吧！"幽默地提出类似要求比强硬地要求孩子收拾玩具更容易获得孩子的同情心，孩子也更乐意主动收拾玩具。

③教孩子如何收拾玩具。有的孩子不愿意收拾玩具，是因为不知道怎么收拾，或者不知道该把玩具放在哪里。成人不妨

带着孩子一起收拾玩具。可以跟孩子说："我们一起把交通工具类的玩具放在这个抽屉里，把剩下的玩具放在这个架子上，好吗?"相信经过几次的练习，孩子不仅学会了把玩具分类，而且也学会了把不同类别的玩具放回到原来的地方。

④培养孩子自我管理的能力。在教孩子如何收拾玩具的同时，成人可以帮助孩子培养自我管理的能力，让孩子学会为自己的行为承担责任。比如，孩子前一晚上没能将玩具收拾归位，第二天早上找不到想带到幼儿园的摩托车玩具，可以建议孩子选择其他玩具带到幼儿园，而不是帮助孩子寻找该摩托车玩具。之所以这么做，是希望通过使用相关后果的方式，培养孩子自我负责的意识和自我管理的能力。

（3）沟通要适合孩子的发展水平。沟通的方式、内容要适合孩子的发展水平，因为儿童的发展既有阶段性也有个体差异性，不同年龄和发展阶段的儿童，其发展水平不同，关注点也不同。

①在3岁前的亲子沟通中，要充分了解孩子的理解水平，运用孩子能理解的语言，特别是要多运用身体语言，关注孩子的情感反应。

②4~12岁是儿童形成基本信念、价值观和态度的基础时期。在亲子沟通中，要倾听孩子和尊重孩子的想法，从小形成一种双向交流的模式，有助于今后的沟通和交流。

③进入青春期后，由于发展的独立性和依赖性并存，封闭性和开放性共在，特别是由于代沟的存在，如果成人不能倾听、尊重孩子不同于自己的想法，亲子间就不能建立相互信任的关系，孩子会更愿意和同龄伙伴交往，亲子沟通的问题增多。在沟通中，要相信孩子，给予孩子充分参与的机会，尊重孩子的想法和感受尤为重要。

第三节　正确看待孩子的不良行为

孩子出现不良行为是很常见的现象，因为小孩子的是非观尚处于建立之中，容易在无形间出现一些不太好的习惯。诸如爱打人、爱耍脾气、注意力不能集中、不好好吃饭、叛逆情绪等，都是孩子常见的不良行为。面对这些行为，作为家政服务员该如何应对，是个值得思考的问题。

一、孩子爱打人

具体表现：在和别的孩子玩耍或者正常相处时，稍有一些不顺心的就上手打人，甚至也会打比较亲近的大人，表现得很有侵略性。

应对策略：孩子出现具有侵略性的行为是正常的。一旦发现，一定要立即纠正，明确地告诉他这么做是错误的，不论出于什么样的理由，都是不被允许的。可以制定一些惩罚制度，一旦孩子犯规，立刻予以实施。一方面可以让他（她）逐渐恢复平静，另一方面是给他（她）自我反思的机会。如果他（她）的表现有所改观，别忘记适时地给予赞扬。

二、孩子耍脾气

具体表现：想要的零食不给买就大发脾气；明明到了午睡时间，家长不允许再多看一会电视就狂飙怒气；不能实现自己的心愿时便发脾气宣泄，企图博一个大人改变心意的机会。

解决办法：首先你要克制好自己的情绪，试着了解一下孩子为什么发火。有什么想法，合理的要采纳，但必须告诉他这种耍脾气的表现形式是错的，会让你感觉到困扰和气愤。当然，无理的愿望必须拒绝，要让孩子知道这种过激的行为是不会有任何作用的。可能的话，把孩子带去只有你们两个人的空间，进行一次平等的对话。

三、孩子注意力不能集中

具体表现：在课堂上东张西望；听成人讲话时心思却飞到了电视机前；明明在写作业却总想着玩游戏而心不在焉等。这些行为都是精力不够集中导致的。

解决办法：调查表明，不少在幼儿园的课堂上无法时刻集中精力的孩子都对游戏特别着迷，最好加以控制。想要孩子全神贯注，就必须启发他们对人对事的兴趣，使其找到可以全身心投入的点。当孩子投入在某件事时，尽量打造一个宁静的氛围，排除潜在的干扰因素，不让他们有分心的机会。

四、孩子不好好吃饭

具体表现：一到吃饭的时间就表现得很反感，哭闹或者不愿乖乖地待在儿童座椅或者桌子前吃东西，喂的饭不认真嚼、乱吐等。

解决办法：现在有不少孩子进食都要大人哄着，或是要先狠狠训一顿才会乖乖吃饭，这两种极端的方式都不可取。你应该早早地尝试让孩子自己动手，和大人一样坐在桌子前进食。如果你的孩子非常喜欢吃零食，那么一定要限制他（她）非正常三餐时间的零食量。对待非常不乖而且倔的孩子，饿上一两次也无妨，让他们知道有些事也是有底线的。

五、孩子产生叛逆情绪

具体表现：让孩子写作业的时候他却玩游戏；让他向老年人问好时他却装作没有听见或者直接跑开。叛逆期，只要是家长的意思，孩子不论对错或者愿意与否都不会乖乖地执行。

解决办法：孩子有了些自尊感后，都会想要独立，不愿意活在家长的管束之下，无论什么他都反对。家长要做的就是充分理解，并少用否定的语句和他说话。同时，在一些不触及原则的问题上尊重孩子的意见，如大冷天穿什么颜色的棉袄完全可以由他来决定。多鼓励他说说不服从的理由，教会他思考，让他知道讲道理比过激的逆反行为更有效果。

第四章　家庭护理

第一节　婴幼儿护理

一、新生儿的一般情况

从出生脐带结扎到生后满 28 天的这一时期称为新生儿期。新生儿从母体温暖的子宫来到人间，环境变化比较大，相对病死率高，所以护理要点是保暖、注意喂养、清洁卫生和物品消毒，以防感染。

正常足月儿是指胎龄满 37~42 周出生，体重在 2.5 千克以上，无任何畸形和疾病的活产婴儿。刚出生的新生儿正常体重为 2.5~4.0 千克。

1. 新生儿生理特点

（1）呼吸系统。胎儿肺内充满液体，出生时经产道挤压，约 1/3 肺液由口鼻排出，其余在建立呼吸后由肺间质内毛细血管和淋巴管吸收，如吸收延迟，则出现湿肺症状。一般剖宫产儿发生率较高，故正常胎位时建议自然分娩。

新生儿呼吸频率较快，安静时为 40 次/分左右，如持续超过 60~70 次/分，为呼吸急促，常由呼吸或其他系统疾病所致，需要就诊。

（2）循环系统。新生儿心率较成人快很多，且波动范围较大，通常为 90 ~ 160 次/分（一般正常人的心率在 60 ~ 100 次/分）。

（3）消化系统。正常足月儿出生时吞咽功能已经完善，但食管下部括约肌松弛，胃呈水平位，幽门括约肌较发达，易溢乳甚至呕吐。消化道面积相对较大，管壁薄、通透性强，有利于大量的流质及乳汁中营养物质的吸收，但肠腔内毒素和消化不全产物也容易进入血循环，引起中毒症状。除淀粉酶外，消化道已能分泌充足的消化酶，因此不宜过早喂淀粉类食物。

（4）神经系统。新生儿脑相对大，但脑沟、脑回仍未完全形成。足月儿大脑皮层兴奋性低，喂给足量乳汁后，睡眠时间长，觉醒时间一昼夜仅为 2~3 小时。大脑对下级中枢抑制较弱，且锥体束、纹状体发育不全，常出现不自主和不协调动作。新生儿手足易颤抖、嘴唇有时打颤、抖动，这均属正常现象，4 个月后会逐渐消失。还有如惊吓反应，是对 60 分贝以上声音的一种反应，0~3 个月的宝宝必须有惊吓反应。新生儿具有先天性的神经反射，如吸吮、觅食、握持、拥抱反射等，在出生 3~4 月逐渐消退。

（5）泌尿系统。新生儿多在出生 24 小时内排尿，如 48 小时无尿应查找原因。

（6）免疫系统。新生儿机体免疫功能尚未成熟，因此对新生儿居室及用具要清洁，预防感染的发生；新生儿可从母乳中获得某些抗体，所以应提倡母乳喂养；新生儿护理时预防感染尤为重要。每日居室要通风 2 次，每次至少半小时，不要与太多的人接触，衣服要干净、柔软。

2. 新生儿体格特点

新生儿出生时一般头围为 33~44 厘米，前囟门一般于 12~18 个月闭合，后囟门于 6~8 周闭合，少数婴儿后囟门在出生时已闭合；腹膨隆，脊柱直形；四肢呈外伸和屈曲姿势，手紧握，小腿略内弯，膝向外，足底扁平，指（趾）甲细长；男性阴囊可有轻度的鞘膜积液，女性小阴唇相对大，大阴唇不能遮住小阴唇，常有外阴水肿；骶尾部和臀部常有青色色素斑，指压不褪色，是由于皮肤深层堆积色素细胞形成，一般 5~6 岁自行消褪。

3. 新生儿常见的生理现象

（1）胎便。新生儿头两天的大便呈墨绿色黏稠状，叫胎便。它是由胎儿肠道分泌物、胆汁及咽下的羊水等组成，无气味，喂奶后逐渐转为黄色（金黄色或浅黄色）。足月儿在出生后24小时内（一般于10小时左右）排胎便，2~3天排完。若生后24小时仍不排胎便，应排除肛门闭锁或其他消化道畸形。由于胎粪对新生儿肛周皮肤有刺激性，故在每次排便后应用温水清洗臀部，擦干后敷以薄层植物油，以预防红臀发生。若胎便排出时间超过正常的时间，就有可能出现胎便排出延迟，使新生儿的黄疸加重，出现新生儿高胆红素血症。

新生儿早吸吮有利于胎便的排出，也有利于减轻生理性黄疸症状。

（2）生理性脱皮现象。新生儿出生两周左右出现脱皮现象，好好的宝宝一夜之间稚嫩的皮肤开始爆皮，紧接着就开始脱皮，漂亮的宝宝好像涂了一层糨糊干裂开来。这是新生儿皮肤的新陈代谢，旧的上皮细胞脱落，新的上皮细胞生成。出生时附着在新生儿皮肤上的胎脂随着上皮细胞的脱落而脱落，这就形成了新生儿生理性脱皮的现象，属于正常现象，不需要治疗。

（3）假月经。有时女婴在出生后第5~7天可见阴道少量流血，1~2天后自止。此乃母亲妊娠后期的雌激素进入胎儿体内，生后突然中断而形成类似月经的出血，一般不需处理。

（4）生理性乳腺肿大。男女婴均可能发生生理性乳腺肿大。在出生后3~5天乳腺可肿胀如蚕豆或鸽蛋大小，多数于出生后2~3周消失，为母亲雌激素对胎儿影响中断引起，不可挤压。

（5）马牙或板牙。马牙或板牙是新生儿在上腭中线和齿龈切缘上常有黄色小斑点，它由上皮细胞堆积和黏液腺分泌物堆积所致，出生后数周至数月会自行消失。注意，不可胡乱用针去挑或用毛巾去擦，以防引起感染，导致新生儿破伤风。

（6）螳螂嘴。新生儿哭的时候，常常可看见他口腔两边颊黏膜处较明显地鼓起如糖丸大小的东西，有人称为"螳螂嘴"，其实它是颊黏膜下的脂肪垫。小孩吸奶时靠脂肪垫的吸力造成口腔内负压，使乳汁易于流出。

（7）生理性体重下降。生理性体重下降主要是由于出生后最初几天进食较少，同时有不显性失水和大小便排出，故在出生后的2~4天内体重有所下降，较刚出生时降低6%~9%。随着奶量的增大，进食增加，在10天左右恢复正常，故无须特殊处理，加强观察即可。

（8）生理性黄疸。正常新生儿出生后几天都可以出现黄疸，因为胎儿在宫内所处的低氧环境刺激红细胞生成过多，加之新生儿肝细胞对胆红素的摄取、结合及排泄功能差，故可引起生理性黄疸现象。

①生理性黄疸的表现。足月新生儿一般出生后第2~3天出现，第5~7天达高峰，10~14天消退；早产儿于21天左右消退。出现生理性黄疸现象，如吃奶好、精神好，多数不需要治疗。

若出生后24小时内就出现黄疸或正常的生理性黄疸消失后再次出现黄疸，或黄疸时间延长，就有可能是病理性的黄疸，这时就要引起家政服务员的高度重视。

②生理性黄疸的预防。预防生理性黄疸，早开奶、频繁有效的吸吮是重要措施，同时还利于母亲泌乳。提倡早开奶，既可刺激新生儿肠蠕动，利于胎便排出，又有利于肠道正常菌群的建立，减少肠肝循环，有助于胆红素的排出。因为胎便中含有一定量的胆红素，如胎便排出延迟，可增加肠肝循环负荷，加重胆红素吸收。

二、婴幼儿护理

1. 婴幼儿常见症状的观察与护理

（1）吐奶及溢奶。宝宝出生3个月内，贲门肌肉未发育健全，此时的贲门就像一个还不能很好控制收缩的瓶口，再加上新生儿的胃容量较小，所以容易引起胃内的奶汁倒流。因此，在出生后几个月内，部分宝宝会有溢奶及吐奶现象，尤其在喂奶后、哭闹多动的时候。当妈妈喂完宝宝奶后，将宝宝抱竖直，用手轻拍他的背部2~3分钟，待宝宝打嗝后放到床上予以右侧卧位。避免宝宝过度哭闹，避免喂奶后半小时内换尿布，可以减少溢奶的情况。

（2）臀红的处理。在婴幼儿的肛门附近，臀部、会阴部等处皮肤发红，有散在斑丘疹或疱疹，称为红臀，又叫尿布红斑，多发生在出生后3~7天。这是由于新生儿消化功能差，容易发生消化不良，大便次数多，若尿布更换不及时，粪便中的脂肪酸、尿中的尿酸等经常刺激臀部皮肤而发生红臀。因此，为预防红臀，应鼓励母乳喂养，以免发生消化不良。

护理方面要用优质尿布或纯棉布，勤于更换。便后及时用温水清洗，可涂护臀霜或鞣酸软膏，严重时可理疗。

（3）宝宝睡觉时的惊跳。月龄小的婴儿，特别是新生儿常在入睡之后局部的肌肉会有抽动的现象，尤其手指或脚趾会轻轻地颤动，或受到轻微的刺激，如强光、声音或震动等，有时还会伴随啼哭的"惊跳"反应。这是由于婴儿神经系统发育不成熟所致，此时只要妈妈用手轻轻按住宝宝身体的任何一个部位，就可以使他安静下来。

（4）打喷嚏。新生儿偶尔打喷嚏并不是感冒的现象。因为新生儿鼻腔血液的运行较旺盛，鼻腔小且短，若有外界的微小物质（如棉絮、绒毛或尘埃等）刺激鼻黏膜引起打喷嚏，这也可以说是宝宝代替用手自行清理鼻腔的一种方式。鼻黏膜柔软而血管丰富，遇到轻微的刺激就容易充血、水肿而发生鼻塞现象，另外鼻尖可见粟粒疹。

注意：突然遇到冷空气宝宝也会打喷嚏，除非宝宝已经流鼻水了，否则家政服务员可以不用担心，也不要给宝宝随意服用感冒药。

（5）大小便观察。观察大小便的次数、颜色、量和稀稠度。母乳喂养的宝宝大便要比人工喂养（主要用奶粉及其他新生儿食品喂养）的宝宝多，一般母乳喂养一天大便有 2~6 次，一般不超过 8 次，而人工喂养的一般则一天大便一次，也有的两天一次。

便秘：大便次数显著减少，粪便硬而实，排出困难，宝宝哭闹，应指导产妇在两次喂奶之间喝白开水。宝宝一般不喝水，以免影响食欲。

观察宝宝的粪便，可初步了解婴幼儿消化道的情况。

①母乳喂养及人工喂养宝宝的粪便，若臭味加浓，表示蛋白质过多，为消化不良。

②泡沫多的粪便，表示碳水化合物消化不良，引起发酵发酸。

③婴幼儿粪便中有大量的奶瓣（乳凝块）多是未消化吸收的脂肪，以及钙和镁化合而成的皂块。

④粪便外观呈奶油状，多为脂肪消化不良。

⑤牛乳喂养儿排出大便呈绿色可能是喂养不当，如宝宝吃奶量每次多少不一，差别较大，也可能是宝宝喂奶量不足，还可能表示肠蠕动加速或肠胃炎现象，是腹泻的表现。

⑥大便呈黑色，则可能为胃肠道上部出血，或因服用铁剂等药物所致。

⑦大便中若带有血丝，多由于大便干，肛门破裂，直肠有息肉等所致。

⑧若脓血便，则可考虑肠道感染或细菌性痢疾。若发现大便异常，需及时到医院检查治疗。

⑨若大便呈灰白色，可能为肠道阻塞。

2. 婴幼儿护理技能

（1）抱新生儿的正确方法。1~2 个月的新生儿，除拍嗝外都躺着抱；3个月后的婴儿采用竖抱。

（2）眼、耳、鼻、臀及脐带的护理。

①眼的护理。照相、摄像时避免用闪光灯。在给新生儿晒太阳时，要注意遮住孩子的眼睛，避免阳光直射。给新生儿清洗眼睛时，要用专用清洁毛巾和流动水。清洗前操作者双手一定要清洗干净，不要用手直接接触新生儿眼睛，一次清洗一只眼睛，从内侧洗向外侧。眼部脓性分泌物多应及时看医生；当新生儿总是眼泪汪汪时，注意是否由鼻泪管不通引起，应及时就医。

②耳、鼻的护理。耳、鼻要保持清洁、干燥、通畅，不要硬性掏鼻痂、耳屎，如鼻痂可用棉签蘸温水湿润后轻轻擦去。经常给新生儿更换体位，防止耳部受压。

③脐部护理：脐带一般在7~10天脱落，也有些要拖到20天左右才脱落，但如果脐部干燥，即使脐带脱落较晚也无大碍。

脐带脱落前应保持干燥，洗澡要盖干毛巾，避免淋湿，洗后用75%酒精消毒，提起残端，从里向外轻轻擦拭，每天2~3次。脱落后如有潮湿或浆液样分泌物，脐部可用75%酒精擦净，如果分泌物多，可涂0.5%聚维酮碘溶液。

④臀部护理。如果婴儿的小屁股护理得不好，那就可能让他们的屁股出现尿布性皮炎（红臀）。产生红臀的主要原因有婴儿大小便后没有及时更换潮湿的尿布，尿液长时间地刺激皮肤，或者大便后没有及时清洗，其中一些细菌使大小便中的尿素分解为氨类物质而刺激皮肤；尿布质地粗糙或尿布洗涤不干净；腹泻造成大便次数增多等。

⑤臀部清洗。给女婴清洗臀部的要领是先用纸巾擦去臀部上残留的粪便渍，举起婴儿的双腿，用一块纱布清洗大腿皱褶处。清洗尿道口与外阴时一定要由前往后擦；用一块干净的棉布以按压的方式由前往后拭干臀部，让臀部暴露在空气中1~2分钟，再换上干净的尿不湿。给男婴清洗臀部的要领是先用纸

巾擦去臀部上残留的粪便渍。新生儿长大一些后，清洗臀部时，每隔一周左右要清洗"小鸡鸡"。将包皮轻轻翻开，用纱布沾水清洗龟头，注意动作轻柔；由上往下清洗"小鸡鸡"，清洗反面时，大人可用手指轻轻提起"小鸡鸡"，但不可用力拉扯；用手轻轻将婴儿的睾丸托起再清洗；举起婴儿的双腿，清洗臀部及肛门处；用另外一块干净的干纱布以按压的方式轻轻拭干"小鸡鸡"和睾丸处的水渍，再拭干大腿皱褶处、肛门处和臀部的水渍；让臀部暴露在空气中 1~2 分钟，再换上干净的尿不湿。

⑥"小鸡鸡"要小心洗。对于男婴来说，最难清理的应该算是"小鸡鸡"了，刚出生的男婴包皮还紧附在龟头上，这时候清理比较简单，只要把露在外面的部分轻轻洗干净即可。待婴儿大一些，包皮和龟头完全分开后，请家人协助翻开包皮清洗，偶尔洗一次就行。清洗男婴的"小鸡鸡"和睾丸时，动作一定要轻柔。

（3）婴幼儿洗澡。

①洗澡时间、温度与环境要求。洗澡时间一般安排在上午 10 点到下午 4 点之间。在洗澡前应该关闭门窗、电风扇，使室内温度达到 26~28℃，新生儿洗澡的室温在 27~29℃为宜。冬天要开启暖气调节温度。夏季因天气炎热，每天可洗 2 次以上。对于睡眠不太好的宝宝可在晚上睡觉前洗，会使宝宝睡眠安稳。洗澡时地板防止湿滑，可以放置一块耐水的踏垫。灯光不要太亮，光线要柔和，放柔和的音乐增加愉悦的洗澡气氛。

②洗澡前准备。

• 操作者准备：取下戒指、手表及衣服口袋内的硬物，洗好手，剪好指甲，整理好头发，衣服穿着干净利落。

• 新生儿宜在两次喂乳之间，即在喂奶后 1 小时左右进行，避免宝宝喂奶前过度饥饿及喂奶后洗澡发生溢奶或呕吐。

• 洗澡用物准备：婴幼儿专用浴盆、小毛巾、浴巾、水温计、洗发沐浴露、润肤油、护臀霜、75%酒精、棉签、换洗的衣服、尿片、爽身液等所需要的物品都准备好。

●洗澡室温的准备：室温控制在26~28℃。

●洗澡水的准备：先放冷水，再放热水，使水温在38~40℃，水深6~11厘米，即保持水深在浴盆的2/3高度。如果没有水温计，可用手肘试水温。

③洗澡次序和基本手法。

●洗脸及洗头的姿势：脱去宝宝衣服，去掉尿布，露出全身，裹上浴巾。大人用手臂和身体将宝宝身体夹在大人的腰侧处，一手托住宝宝的头、颈及背，如同抱橄榄球的方式，如图4-1所示。

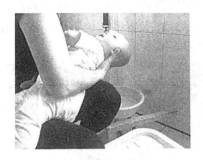

图4-1　洗脸及洗头的姿势

洗脸：将一个专用洗脸的小毛巾沾湿，用其两个小角分别清洗宝宝的眼睛（图4-2），从眼内侧向外轻轻擦拭；用小毛巾的一面清洗鼻子及口周、脸部；用小毛巾的另外两角分别清洗两个耳朵、耳廓及耳后，按眼→鼻→额→脸→耳依序清洗。

洗头（图4-3）：用拇指、中指从耳后向前压住耳廓，使其反折，以盖住双耳孔，防止洗澡水流入耳内。将少量洗发沐浴液倒入另一手中，轻轻搓出泡沫，再在宝宝的头上轻轻揉搓。注意不要用指甲接触宝宝的头皮。揉搓均匀后，再以清水洗净后擦干头发。

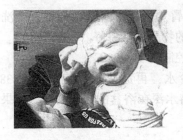

图 4-2　清洗眼睛

图 4-3　洗头

●洗身体：先以手掌沾水，轻拍前胸，让宝宝先适应水温.一手横过肩后固定于宝宝腋下，另一手清洗颈部、前胸、上肢、腹部、下肢、生殖器等部位，如图 4-4 所示。皱褶处要特别注意清洗。接着将宝宝翻转过来，一手横过胸前，固定于宝宝腋下，如图 4-5 所示，让宝宝趴在手掌上，依次清洗背部→臀→下肢等部位，如图 4-6 所示。

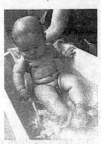

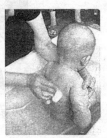

图 4-4　清洗前身　　图 4-5　换手固定　　图 4-6　洗背部

●擦干身体：用清水将宝宝的全身再冲洗一遍后，将宝宝抱出浴盆，立即用大浴巾将全身擦干。耳后、关节及皮肤皱褶处都要擦干，擦干后将宝宝放在铺有干净床单的床上或桌子上，盖上小被子，准备做浴后护理（图 4-7）。

整个洗澡时间为 5~10 分钟，不宜过长，防止水温降低使宝宝着凉。

④洗澡后护理。

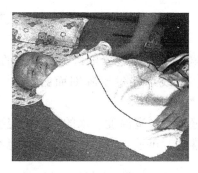

图4-7 擦干身体做浴后护理

● 脐部护理：详见婴幼儿护理中的脐带护理。脐带如处理不当，易引起脐炎。

● 耳、鼻、口护理：洗浴过程中严禁水流进宝宝的耳、鼻、口。检查耳孔有无分泌物，若有分泌物，则轻轻用棉签清除，并请耳科医生做详细检查，以防中耳炎。鼻孔中若有鼻痂影响呼吸或吃奶时，可用棉签蘸温开水轻轻擦拭，待干痂变软后，用棉签轻轻拭掉，或轻轻按摩鼻翼两侧，鼻痂会自动排出。

● 眼睛护理：可以用手轻轻地在宝宝的眼眶周围做按摩，有利于眼部肌肉的发育及泪囊管的通畅；如果宝宝平时眼屎比较多，可请医生开些眼药水，洗完澡后给宝宝点上一滴，防止眼结膜发炎。

● 皮肤护理：在皮肤皱褶处、颈下、腋下、肘弯、腹股沟处涂润肤露（或油类），在干燥的冬季可全身涂抹。夏天出汗多时可涂爽身粉，有湿疹的宝宝在湿疹部位涂抹湿疹膏，给有痱子的宝宝抹上痱子粉，然后给宝宝穿上衣服，防止着凉。

⑤安全事项。

● 防烫伤：宝宝皮肤娇嫩，一旦烫伤会很严重。洗澡时水温不能高于41℃，并注意远离热源，如热水管、热水龙头、热水器及电暖气等。

● 防溺水：任何情况下都不能把宝宝单独放在浴盆中，一分钟都不可以，眼睛不能离开宝宝。即使有人叫门或来电话都不要理睬。

●严防触电：宝宝要远离电源，浴室内的电器、电插销、插座不能漏电，电线不要过于陈旧而露铜丝，否则容易引起触电。

●防着凉感冒：浴室温度、水的温度一定要符合要求，动作要既轻柔又准确、迅速。浴后护理时要注意给宝宝保暖，防止着凉感冒。

（4）婴儿抚触，婴儿抚触6步图如图4-8所示。

①抚触的好处。可以促进情感交流，促进新生儿神经系统的发育，加快免疫系统的完善，提高免疫力，加快新生儿对食物的吸收等。抚触时要轻轻对宝宝说话，吸引宝宝注意力，也使宝宝不感到枯燥。

②抚触前准备。抚触时婴儿应在温暖的环境中（室温保持在26～28℃，避免对流风），婴儿体位舒适，安静不烦躁，不能在饥饿或刚吃完奶时抚触。抚触者的双手要温暖、光滑，指甲要短，无倒刺，不戴首饰，以免划伤孩子的皮肤。放柔和的音乐，可以倒些婴儿润肤液于手掌中，起到润滑作用。

③婴儿抚触的顺序。头部→胸部→腹部→上肢→下肢→背部→臀部。

●头面部抚触：用两手拇指指腹从眉间向两侧太阳穴滑动；两手拇指从下颌上、下部中央向外侧、上方滑动，轻轻滑向耳垂下方，让上下唇形成微笑状；一手托头，用另一只手的指腹从前额发际中央向上、后滑动，至后下发际，并停止于两耳后乳突处，轻轻按压。

●胸部：两手分别从胸部的外下方（两侧肋下缘）向对侧上方交叉推进，至两侧肩部，在胸部划一个大的交叉，避开新生儿的乳头。

●腹部：食、中指依次从新生儿的右下腹至上腹向左下腹

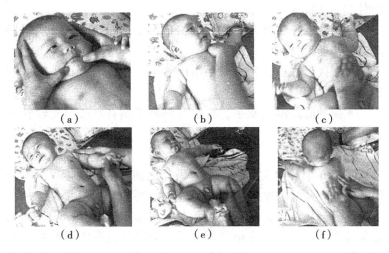

（a）　　　　　　　（b）　　　　　　　（c）

（d）　　　　　　　（e）　　　　　　　（f）

图4-8　婴儿抚触6步图

移动，呈顺时针方向画半圆，避开新生儿的脐部。

● 四肢：两手交替抓住婴儿的一侧上肢从腋窝至手腕轻轻滑行，然后在滑行的过程中从近端向远端分段挤捏。对侧及双下肢的做法相同。

● 手和足：用拇指指腹从婴儿手掌面或脚跟向手指或脚趾方向推进，并抚触每个手指或脚趾。

● 背、臀部：以脊椎为中分线，双手分别放在脊椎两侧，从背部上端开始逐步向下渐至臀部。婴儿呈俯卧位，两手掌分别于脊柱两侧由中央向两侧滑动，以脊柱为中线，双手食指与中指并拢由上至下滑动4次。

④抚触的注意事项。

● 确保抚触时不受打扰，可伴放一些柔和的音乐帮助彼此放松。视婴儿的月龄，抚触时间可从每次5分钟开始，逐渐延长到每次15~20分钟，每日2~3次。

● 选择适当的时间进行抚触，当婴儿觉得疲劳、饥饿或烦躁时都不适宜抚触。

●抚触最好在婴儿沐浴后或给他穿衣服时进行，抚触时房间需保持温暖。

●做抚触之前，要将双手指甲修平，并将手上和手腕上的饰品摘掉。

●抚触前需温暖双手，将婴儿润肤液倒在掌心，先轻轻抚触，随后逐渐增加压力，以便婴儿适应。

（5）被动操。

①2~6个月宝宝的被动操。做操之前，宝宝要排尿，不能刚刚吃饱，最好在吃饭前1小时左右。要洗干净双手，摘掉手上的饰品，如在冬天要把双手捂热。宝宝可以躺在床上，如果有条件在桌子上铺一张垫子更合适。做操的过程中最好配有节奏舒缓的音乐，做操之前要和宝宝轻声说话，每节操之前都要告诉宝宝下面要做什么动作了，一边做动作一边轻声地喊口令：一二三四、二二三四、三二三四、四二三四。声音要轻柔，语调要有节奏，保持微笑。

②预备姿势（图4-9）。婴儿仰卧，大人双手握住婴儿的双手，把拇指放在婴儿手掌内，让婴儿握拳。

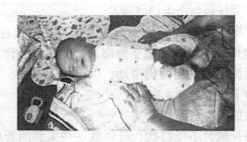

图4-9　预备姿势

第一节：扩胸运动（图4-10）。动作为两臂胸前交叉→两臂左右分开→两臂胸前交叉→还原。

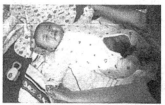

图4-10　扩胸运动

第二节：屈肘运动（图4-11）。动作为向上弯曲左臂肘关节→还原→向上弯曲右臂肘关节→还原。

第三节：肩关节运动（图4-12）。动作为握住婴儿左手由内向外做圆形的旋转肩关节→握住婴儿右手做与左手相同的动作。

图4-11　屈肘运动

图4-12　肩关节运动

第四节：上肢运动（图4-13）。动作为双手向外展平→双手前平举，掌心相对，距离与肩同宽→双手胸前交叉→双手向上举过头，掌心向上，动作轻柔→还原。

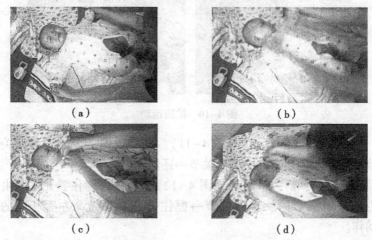

（a）　　　　　　　　　（b）

（c）　　　　　　　　　（d）

图 4-13　上肢运动

第五节：屈伸趾、踝关节运动（图 4-14）。动作为屈伸左侧 5 个趾跖关节，反复 4 次→屈伸左侧踝关节，反复 4 次→右侧同左侧动作。

图 4-14　屈伸趾、踝关节运动

第六节：下肢伸屈运动（图 4-15）。双手握住婴儿两下腿，交替伸展膝关节，做踏车样动作。动作为左腿屈缩到腹部→伸直→右腿同左腿。

第七节：举腿运动。两腿伸直平放，大人两手掌心向下，

图 4-15　下肢伸屈运动

握住婴儿两膝关节，如图 4-16 所示。动作为将两肢伸直上举 90°→还原→重复 2 次，如图 4-17 所示。

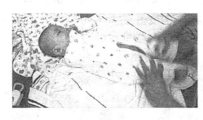

图 4-16　举腿运动（一）　　　　**图 4-17　举腿运动（二）**

　　第八节：翻身运动。婴儿仰卧，大人一手扶婴儿胸部，一手垫于婴儿背部，如图 4-18 所示。动作为帮助从仰卧转体为侧卧（图 4-19）→或从仰卧到俯卧再转为仰卧（图 4-20）。

图 4-18　翻身运动（一）

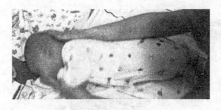

图 4-19　翻身运动（二）　　　图 4-20　翻身运动（三）

③7~12 个月婴儿的主被动操。每天可做 1~2 次，做时少穿些衣服，注意不要操之过急，要循序渐进，也可在户外锻炼。预备姿势与 2~6 个月的被动操相同。

第一节：起坐运动。动作为将婴儿双臂拉向胸前，双手距离与肩同宽（图 4-21）→轻轻拉引婴儿使其背部离开床面，拉时不要过猛（图 4-22）→让婴儿自己用劲坐起来。

图 4-21　起坐运动（一）　　　图 4-22　起坐运动（二）

第二节：起立运动。让婴儿俯卧，成人双手握住其肘部，如图 4-23 所示。动作为让婴儿先跪坐着（图 4-24）→再扶婴儿站起（图 4-25）。

图 4-23　婴儿俯卧

图4-24 起立运动（一） 图4-25 起立运动（二）

第三节：提腿运动（图4-26）。动作为婴儿俯卧，成人双手握住其双腿→将婴儿两腿向上抬起成推车状。随月龄增大，可让婴儿双手支持起头部。

第四节：弯腰运动。婴儿背朝成人直立。成人左手扶住其两膝，右手扶住其腹部。在婴儿前方放一个玩具，如图4-27所示。动作为让婴儿弯腰前倾捡起玩具（图4-28）4恢复原样成直立状态→做2个八拍。

图4-26 提腿运动

图4-27 弯腰运动（一） 图4-28 弯腰运动（二）

第五节：托腰运动。婴儿仰卧，成人右手托住其腰部，左手按住其踝部（图4-29）→托起婴儿腰部，使其腹部挺起成桥

形（图4-30）

图4-29 托腰运动（一）　　　　**图4-30 托腰运动（二）**

第六节：游泳运动（图4-31）。让婴儿俯卧，成人双手托住其胸腹部。动作为悬空向前后摆动，活动婴儿四肢，做游泳动作，重复2个八拍。

图4-31 游泳运动

第七节：跳跃运动（图4-32）。婴儿与成人面对面，成人用双手扶住其腋下。动作为把婴儿托起离开床面轻轻跳跃，重复2个八拍。

第八节：扶走运动（图4-33）。婴儿站立，成人站在其背后，扶住婴儿腋下、前臂或手腕。动作为扶婴儿学走，重复2个八拍。

图4-32 跳跃运动　　　**图4-33 扶走运动**

3. 婴幼儿喂养

（1）人工喂养指导。

母乳喂养好，但奶水不足或母亲因工作等原因外出，不能按时喂奶时，就要人工喂养。

①奶粉的选择。婴幼儿配方奶粉是专为没有母乳及母乳不足的婴幼儿研制的食品。它根据不同时期婴幼儿生长发育所需营养特点而设计，成为无母乳或母乳不足的婴幼儿较为理想的替代食品。0~6个月的婴幼儿可选用第一阶段的婴幼儿配方奶粉，6~12个月的婴幼儿可选用第二阶段的较大婴儿奶粉，12~36个月的婴幼儿可选用第三阶段的婴幼儿配方奶粉。

②配奶前认真清洁双手，取出消毒好的奶瓶。

③严格按照奶粉包装上的用量说明，按婴儿体重将适量的温水调配好放入奶瓶中（水温不能高，以免营养物质变性和烫伤婴幼儿），用标准计量勺将奶粉放入摇匀。为了计量准确，用奶粉专用的计量勺盛奶粉，奶粉量与勺平面持平，不要压实勺内奶粉。

④为了避免配方奶温度过高，在喂婴幼儿前需将配好的奶滴于手腕内侧，感觉不要太烫或不太凉才可以给婴幼儿喂食。

⑤较小婴儿，喂奶者以坐姿为宜，肌肉放松，让婴幼儿头部靠着喂奶者肘弯处，背部靠着喂奶者的前臂处，呈半坐姿势。喂奶时，喂奶者先用奶嘴轻触新生儿嘴唇，刺激新生儿觅食反射，然后将奶嘴小心放入新生儿口中，注意奶瓶保持一定倾斜，使奶嘴始终充满奶水，并注意奶嘴的滴速，以防呛奶。喂奶过程中喂奶者要注意与新生儿进行目光、语言交流，以观察婴幼儿吮吸情况和培养感情。

⑥喂奶后注意拍嗝，防止溢奶，及时清洗、消毒奶瓶和奶嘴。

（2）注意事项。

新生儿的食量逐渐增加，1~2周一般每次吃奶60~90毫升，

3~4周每次100毫升，以后再酌量增加。新生儿的食量各不相同，存在个体差异，一天总量按照150~200毫升/千克体重大致计算，平均分配，但要掌握总量。

两次喂奶之间适当补充水分（多选择白开水），水量以不超过奶量为宜。

给有些新生儿喂配方奶时，偶然会出现过敏现象，应根据新生儿的不同情况调整配方奶。

4.婴幼儿辅食的添加

（1）添加辅食的目的是为了补充人乳或牛乳营养成分的不足，为过渡到普通饮食及断奶做好准备。

（2）辅食添加时间。

①婴儿出生4~6个月后应及时添加辅食，因为单纯母乳喂养往往不能满足6个月后婴儿的生长发育需要。

②添加辅食的顺序。

婴儿4个月至6个后可先添加米糊，以促进淀粉酶分泌并可补充B族维生素。以后逐渐添加蛋黄、鱼泥、动物血、菜泥、果泥等，以增加蛋白质、热能、维生素和矿物质。

婴儿7个月后，添加烂饭、面条及饼干等，以增加热量，促进牙齿的发育，训练咀嚼功能。添加鱼、蛋、肝、肉末等，以增加蛋白质、矿物质和维生素。

婴儿10个月后，添加软饭、馒头、制作精细的动物性及植物性食物，以增加热能、蛋白质、维生素、矿物质和纤维素等营养素，并训练咀嚼功能。

（3）添加辅食的原则。

①从一种到多种的原则。每添加一种新的食物，要在前一种食物食用3~5天没出现任何异常之后。

②从少量到多量的原则。一般所谓的少量，指第一次只给10毫升左右，第二天加至20毫升，第三天加至30毫升。当喂30毫升无异常表现时才可以再加量，增加的量要适合孩子的胃

容量和消化吸收能力。

③从稀到稠的原则。孩子从吃米汤到稀粥到稠粥到软饭的过程就是体现从稀到稠的最好例子。

④从细到粗的原则。细指细腻到没有颗粒感的程度，而粗则是一个渐变过程。

⑤少盐而不甜、忌油腻原则。与成人相比，婴幼儿肾功能尚不完善，给8个月前的婴幼儿食物中加盐，必定会增加其肾的负担，对孩子发育不利。

另外，宜在婴儿不生病时添加辅食。从孩子的生理出发，选择适宜食物，逐渐地添加，以孩子胃肠道逐渐适应过程为原则。

5. 婴幼儿常见疾病的护理与预防

（1）湿疹。湿疹是婴幼儿常见的疾病之一，它的发病原因很复杂。新生儿时期常因母体孕激素的影响而发生脂溢性湿疹，也就是常说的湿毒，强光、过冷、过热、营养不良、腹泻、消化不良、鱼类、海产品、牛羊肉、牛羊奶等都可能诱发湿疹。

湿疹的症状特点：典型的婴幼儿湿疹多发生在头、面部、双面颊及耳部。湿疹呈小米粒状红色小疙瘩，密集成群，周边有黄色半透明的渗出液。双眉之间、头、耳部渗出液较多且结痂，有时无渗出结痂，表现为小血疹或细鳞屑。湿疹多呈两侧对称分布，时轻时重，反复发作，一般不发烧，患儿多因剧痒而烦躁不安。如果处理不当，痊愈后会留下浅表瘢点。

①湿疹预防的三避免。

●避免接触化纤衣物等容易引起过敏的物品。要选择纯棉制品，柔软、舒适、没有刺激性的衣物。

●避免环境过热。周围环境过热可能引起婴儿出汗，汗液的刺激以及温度高的环境易诱发湿疹或者使湿疹加重。

●避免环境过湿。周围环境过湿可能引起婴儿湿疹发生或者加重。

②注意饮食。湿疹发病多见于人工喂养的婴儿，因为牛奶中含有异体蛋白可以造成婴儿过敏，导致湿疹的发生，因此，有条件时要母乳喂养。

对于母乳喂养的孩子发生湿疹，要劝告哺乳产妇不要进食刺激性食物，以避免刺激物通过乳汁进入婴儿体内，增加婴儿发生湿疹的概率。

③注意洗浴。已患有湿疹的婴儿，不要过多清洗患部。洗浴用水应该以温水为宜，不要用过热的水，不要过多使用沐浴露，避免刺激湿疹而使其加重。

④预防感染和抓挠。湿疹引起皮肤破损，容易感染病菌。由于局部发痒，婴儿容易用手搔抓引起感染，因此，应及时为婴儿剪指甲，必要时戴小手套。

不要给患湿疹的婴儿乱用药物涂擦，特别是避免涂擦含有激素的药膏，以免产生不良反应。湿疹溃烂严重时应去医院就诊。

（2）婴幼儿腹泻。婴幼儿腹泻有轻重之分，轻度腹泻表现为一天之内大便次数比平日增多，但少于10次，呈黄色或黄绿色，稀糊状或蛋花汤样，偶有呕吐，食欲不佳，但全身总的情况尚好，没有明显脱水的症状。重度腹泻表现为一天腹泻总次数多达十余次甚至数十次，呈水样或蛋花汤样，并混有黏液，食欲减退，频繁呕吐，并很快出现脱水症状。腹泻的发病率仅次于急性呼吸道感染，如果不能及时有效地进行治疗，死亡率也很高。引起死亡的重要原因是腹泻所导致的身体脱水和体内电解质紊乱。

①发病原因：

●感染因素。由于吃的食物、用具或手不干净而使细菌或病毒侵入婴幼儿体内引起肠道感染。

●非感染因素。饮食因素，如婴幼儿吃得过多或过少、饮食成分突然改变等都可以引起消化道紊乱而发生腹泻；气候因素，天气突然变化导致婴幼儿腹部受寒或过热也可以引起腹泻；婴幼儿感冒也可引起轻微的腹泻。

②腹泻引起的症状：

• 轻型腹泻大便每日 5~6 次，多者可达 10 余次，色黄或带绿色，含有少量黏液和白色奶块，或呈蛋花样，偶有恶心或呕吐，一般无全身症状。

• 重型腹泻多为肠道内感染所致，腹泻每日 10 次以上，亦有数十次者，大便有黏液，伴呕吐及食欲缺乏，低热或高热39~40℃，伴精神萎靡、嗜睡，甚至昏迷、惊厥。常有不同程度的失水及电解质酸碱平衡紊乱。

③治疗：腹泻一般以调整饮食、控制感染、消除病因、纠正水电解质紊乱为原则。

④护理：首先禁食不易消化的食物，及时补充丢失的水分。做到少量多餐的原则。母乳喂养者缩短每次哺乳时间，并在喂奶前喂适量的白开水（温度适宜）。人工喂养者可先给米汤或稀释牛奶，由少到多，由稀渐浓。密切观察大便的次数、形状，并做详细记录，每次大便后用温水洗净臀部并擦干，保持局部皮肤清洁干燥，预防红臀发生。加强口腔护理，多喂白开水（温度适宜）。

⑤预防：为保证婴幼儿身体健康，减少腹泻的发病率，应积极做好预防宣教工作。指导家长合理喂养，保证食物新鲜和安全，做好食具的消毒。加强户外活动，每日开窗通风，保持室内空气新鲜，注意气候的变化。

（3）上呼吸道感染。上呼吸道感染是婴幼儿最常见的疾病，俗称感冒或上感，是指上部呼吸道的鼻、咽和喉部以上的急性感染。这种病一年四季均可发生，冬春季稍多，以幼儿多见，每年常有数次，以后随年龄增大而发病次数减少。

感冒大部分为病毒感染引起的，少数为细菌或肺炎支原体引起的。当气温骤变、居住环境拥挤、潮湿闷热、通风不良、被动吸烟、婴幼儿抵抗力下降时就易发生上呼吸道感染。

①症状：病轻者低热、鼻塞、流涕、打喷嚏、轻咳、轻度呕吐或腹泻等，孩子精神状态良好，咽部稍红，鼻黏膜充血水肿，分泌物增多，颌下或颈部淋巴结轻度肿大。重者头痛、呕吐、咽痛、畏寒、乏力等，重者体温高热，常在39℃以上，数次服用退热药效果不好，有的孩子有精神萎靡、阵咳、头痛、呕吐、咽痛、畏寒、乏力、食欲下降等表现，咽部充血明显，扁桃体红肿，可见斑点状白色或脓性分泌物，咽后壁有淋巴滤泡，颌下淋巴结肿大压痛。

• 少数孩子在起病1~2天内可合并高热惊厥。上呼吸道感染不注意可并发鼻窦炎、中耳炎和气管炎。

②处理：

• 新生儿、哮喘儿或患有先天性心脏病的孩子，一旦发现有感冒症状，最好尽早就医。

• 如果孩子在患病期间拒绝进食，发热烦躁，尤其是有高热惊厥病史的，应当立即就医。

• 如果孩子咳嗽超过3天，症状没有好转，甚至出现呼吸短促、音哑、发热等情况，应当立即就医。

③护理：饮食上予以清淡易消化的普通饮食，鼓励多饮水；应该随时观察孩子体温，如果孩子发热要注意降温，及时就医。

④预防：

• 平时注意让孩子锻炼身体，增加户外活动，增强抵抗力。

• 注意天气变化，及时给孩子增减衣服，沙尘天气不要外出。

• 居室要经常通风换气，保持适宜的温度和湿度。

• 妈妈或者家里其他成员如果患了感冒要注意与孩子保持距离，不要与其亲密接触。

• 在感冒流行季节，少带孩子去人多的公共场所。

第二节 孕产妇护理

妇女怀孕是正常女性一生中的特殊阶段。家政服务员要照顾好孕产妇，更好地为客户服务，就要了解有关女性生殖系统解剖、生育和护理方面的相关知识。

一、妊娠期护理

妊娠是胚胎和胎儿在母体内生长发育的过程，即女性卵巢排出的卵子和男性精子结合成为受精卵，受精卵在母体子宫内逐渐发育、长大，成为成熟的胎儿，然后出生的过程，全程大约280天（40周）。

1. 孕期保健

孕期保健要从早孕开始，对孕妇进行有关优生、优育、孕期营养、产前检查的重要性以及烟酒、放射线、药物等对妊娠的影响等知识进行宣教与指导。自妊娠3个月开始定期产前检查。

（1）指导孕妇做好自我保健。

①活动与休息。健康的孕妇可以参加工作，但要避免重体力劳动，要保证8~9个小时的睡眠时间，尽量保证中午有30分钟的午休。孕妇要进行适当的活动，散步是最佳的活动形式，运动后要注意补充水分和热量。

②乳房护理。妊娠期间注意乳房的检查和保健，使用合适的胸罩，孕妇要注意乳房清洁卫生，每天用清水冲洗，用软毛巾或手按摩乳房以增强乳头的韧性，但在怀孕后期或刺激乳头后易出现宫缩的孕妇要避免按摩乳头。有少数妇女的乳头可能是扁平或者凹陷，这种情况一般不需要特殊处理，多数在分娩前后可自行改善，一般不影响哺乳。

孕妇也可在妊娠32周后采取下列办法促使凹陷乳头凸起。

乳头伸展练习。将两拇指或食指平行放在乳头两侧，慢慢由乳头向两侧外方拉开，牵拉乳晕皮肤及皮下组织，使乳头向外突出；以同样的方法由乳头向上、向下纵行牵拉。每天 2 次，每次 5 分钟。

乳头牵拉练习。用一手托住乳房，另一手拇指、中指和食指抓住乳头，轻轻向外牵拉，并左右捻转乳头。每天 2 次，每次重复 10~20 遍。

③注意个人卫生及其他。注意口腔卫生、沐浴卫生和会阴部卫生。衣着宽大、舒适，不穿束胸衣服，不穿紧身牛仔裤，不穿高跟鞋。在怀孕早期和临产前的 6~8 周要尽量避免性生活，对于有习惯性流产或早产史的孕妇应禁止性生活。注意在妊娠期要保持乐观、开朗的心态，以积极心态迎接新生命的到来。自妊娠 18~20 周开始孕妇有自觉胎动，就要自我监测胎动，正常情况下每小时 3~5 次。孕妇自妊娠 30 周开始，每天早、中、晚餐后半小时各数 1 小时胎动，每小时胎动不低于 3~4 次，反映胎儿良好。将 3 次胎动数的和乘以 4，即得 12 小时的胎动次数。如果 12 小时的胎动次数在 30 次或以上，说明胎儿状况良好；如果下降至 20~30 次，应提高警惕；如低于 20 次，则应及时到医院就诊。数胎动时孕妇要静坐或卧床，思想集中，以免遗漏胎动感觉，同时要避免不良因素的影响。冬季不可使用电褥子、不可将扬声器放在腹部让胎儿听、洗澡水温不可过高、家用电器在使用时要离开孕妇 2 米以上距离等。

（2）孕期的营养。

热量：怀孕头 3 个月内，每日增加 151 千卡。怀孕后 6 个月，每日增加 351 千卡。

蛋白质：怀孕第 4~6 个月在原有基础上增加 15 克蛋白质，第 7~9 个月增加 25 克。

钙：在头 3 个月胎儿每日吸收 30 毫克钙，第 7 个月每日120 毫克，最后一个月每日 450 毫克，所以孕期第 4~6 个月钙供给量应为 800 毫克，7~9 个月应为 1 500 毫克。

铁：每天约需 3.5 毫克的铁（否则容易导致生理性的孕期贫血）。

碘及其他：孕早期缺碘易导致胎儿中枢神经和听神经损害，出生后可能会出现脑损害、甲状腺肿及骨骼和生长发育不良等症状。孕妇可多食紫菜、海带补充碘需要。还有孕妇缺锌会导致羊水的抗微生物活性物质缺乏，胚胎神经细胞数目减少，甚至发生神经系统畸形，孕妇应多食动物性食物和粗粮来补充锌。

脂溶性维生素：维生素 A、D、E、K。

水溶性维生素：B 族维生素、叶酸。

2. **分娩的准备**

（1）识别分娩的先兆。

①腹部阵痛：开始间隔时间大约 30 分钟一次，渐渐时间会缩短。阵痛开始可以做好去医院的准备。

②见红：随着有规律宫缩，会从阴道排出少量带血的黏液，这是临产的先兆。

③破水：当羊膜破裂时，会从阴道流出透明的羊水，量有多有少。一旦出现破水，应立即让孕妇平卧，并立即送入医院，以防脐带脱垂和胎儿感染的危险。

（2）需提前住院待产的情况。

①患有内科疾病，如心脏病、高血压等。

②骨盆及产道明显异常。

③中、重度妊娠高血压疾病或突然出现头痛、眼花、抽搐者。

④胎位不正，如臀位、横位等。

⑤经产妇有急产史者。

⑥有前置胎盘、过期妊娠者。

（3）住院待产应注意的情况。避免焦躁，做好心理护理；合理饮食、注意休息；注意个人卫生，孕妇在预产期前几天要勤换内裤，每天用温水清洗外阴，尽量保持外阴清洁。

（4）分娩的物品准备。首先要牢记孕妇预产期在什么时候，所有的物品在孕中期准备齐全，包括产妇物品的准备（卫生巾、合适的胸罩、乳垫、柔软衣物、帽子、毛巾、鞋袜）等。新生儿的物品准备（婴儿床、包被、毛巾被、毛毯、盖被、婴儿枕、无扣纯棉衣服、纸尿裤、尿布30条、小毛巾、围嘴、奶瓶、奶嘴、奶瓶刷、消毒锅、配奶的小匙、水杯、浴液、抚触油、专用洗发液、脸盆、浴盆、浴网、其他洗澡用物、消毒棉签、75%的酒精、新生儿指甲刀等）。

关于婴儿枕的准备。在3个月前婴儿的脊柱是直的，平躺睡觉时，背和后脑勺在同一平面上，颈、背部肌肉自然松弛，加之婴儿头大，几乎与肩同宽，侧卧时头与身体也在同一平面，因此可以不甩枕头。这时其实更要注意的是宝宝的睡姿，新生儿基本从早上到晚上都处于睡眠状态，自己不会翻身，要经常注意为孩子更换睡姿，可采取俯睡、侧睡、仰睡三者相结合的方法来有效地保护婴儿的头型。如果婴儿易溢奶，可在喂完奶后让宝宝右侧卧位，以减少溢奶。3个月内的婴儿，如果孩子穿衣服较厚，后背与后脑勺有落差时，可将柔软的毛巾对折两次，枕宝宝的头颈部。

（5）分娩期营养与膳食。

第一产程：宫口开张期，积极进食、半流质或软食。

第二产程：婴儿娩出期，以流质、半流质为主。

第三产程：胎盘排出期，多数不愿进食。

如产程延长不进食，需补液以免脱水，在各产程均可喝白开水。注意分娩时不宜吃桂圆汤，以免抑制宫缩延缓产程。

二、产褥期护理

产褥期，指胎盘娩出后至产后6周的时间。这时家政服务员的任务是照顾产妇和新生儿。

1. 母乳喂养及哺乳指导

（1）母乳喂养知识。

①宣传母乳喂养的好处。因母乳中的蛋白质为清蛋白，而配方奶中的蛋白质是酪蛋白，清蛋白容易吸收；母乳喂养有利于母亲子宫的恢复；母乳喂养减少母亲患乳腺癌、卵巢癌的风险；母乳喂养有利于亲子关系的建立；母乳中含有初乳抗体，有利于增强新生儿的抵抗力。

②促进母乳喂养成功的措施：

●24小时与新生儿在一起，遵循三早原则（早开奶、早接触、早吸吮），最好在新生儿出生后30分钟内进行。

●按需哺乳（没有时间与次数的限定），宝宝想吃就吃，奶胀就喂。

●掌握正确的喂奶方法。

●纯母乳喂养，不要轻易给新生儿喂养任何其他乳品。

●不得给新生儿吸橡皮奶嘴或使用奶嘴作安慰物。

●取得产妇丈夫及家人的支持。

（2）喂奶前准备。

①哺乳环境要舒适、安全。

②哺乳用品（靠背椅、脚凳、喂奶枕、靠垫、温热水及毛巾、吸奶器、保存剩余母乳的用具、新生儿清洁尿布等）准备。

③具体步骤：

●喂奶前先给新生儿换清洁的尿布，避免喂奶后换尿布溢奶。

●指导产妇进行哺乳前的乳房准备，哺乳前用湿热毛巾敷双侧乳房3~5分钟。

●喂奶的一般姿势：产妇坐在靠背椅上，背部紧靠椅背，或背部垫上靠垫，两腿自然下垂达到地面，也可单脚或双脚踩在小凳上；哺乳侧怀抱新生儿的胳膊下垫一个喂奶枕（即特殊形状的软垫），这种体位可使产妇哺乳方便而舒适。也可坐在床上喂奶。

● 喂奶时托抱新生儿的方法及含接乳头方法：产妇用前臂、手掌托住新生儿，使孩子头及身体成一直线；孩子面向母亲乳房，鼻子对着乳头；孩子身体紧贴母亲身体，做到胸贴胸、腹贴腹、鼻尖对乳头，产妇的另一只手以 C 字形托起乳房，稳定乳房位置，以免奶量多、流速快时发生呛奶。哺乳时用乳头刺激新生儿口唇，待新生儿张大嘴时迅速将全部乳头及大部分乳晕送进新生儿口中，正确含接姿势如图 4-34 所示。宝宝含接姿势是婴儿吸吮时嘴张得很大，下唇向外翻，舌头呈勺状环绕乳房，面颊鼓起呈圆形，婴儿口腔上方有较多的乳晕，慢而深地吸吮，有时突然暂停，能看到或听到吞咽。

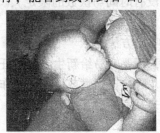

图 4-34　正确含接姿势

2. 产妇的日常护理

（1）产妇的休养环境。安静、舒适（温度、湿度）、通风、避免对流风、不养宠物。

（2）产妇个人卫生指导。指导产妇用温开水刷牙，不可用力过猛，每次 2~3 分钟即可，一般在产后三天内用指漱法，即在食指上绕上纱布，用温开水轻轻擦拭牙齿即可。

（3）洗、擦浴。自然分娩且无侧切伤口时，产妇体质许可，一般可于一个星期内开始洗澡，洗澡方式是淋浴；若自然分娩有侧切口或采用剖宫产，则应待侧切口或腹部伤口愈合后再进行淋浴，此前可给予擦浴，禁止盆浴。需要注意的是洗澡次数以比正常人少为宜，洗浴时间不宜过长，5～10分钟即可，浴后赶快擦干身体，穿好衣服，注意保暖。夏季不宜马上开空调或开窗通风，预防产妇感冒。洗澡时浴室温度在26～32℃（一般为28℃，水温35℃为宜，洗澡不宜大汗淋漓，夏天不可贪图凉爽用冷水，淋浴后若头发未干时不可结成小辫，不可立即入睡，饥饿时或饱食后不可洗澡，洗澡后应吃点东西。若条件不具备，可帮产妇擦浴，然后在同等条件下另行洗发。

（4）月子里的产妇日常护理应该注意的问题。

①居室环境要求安宁、整洁、舒适、温度适中、空气新鲜。在产妇出院前，家里要消毒；冬天室温在18～25℃，湿度30％～80％，夏天室温在23～28℃，湿度30％～60％；室内通风时产妇要避开风口，不要吹过堂风；保持安静，避免过多亲友长时间入室探望；产妇可以使用电风扇和空调，但不要直吹，空调的温度不能调得过低，产妇要远离空调，要经常开窗通风；产妇衣着宽大、舒适、吸湿、保暖，佩戴合适的胸罩，鞋子要软，产妇衣服要勤换、勤洗、勤晒；产妇忌睡弹簧床，因为妊娠末期卵巢会分泌松弛素，产妇睡弹簧床在急速起床翻身时容易造成骨盆损伤。

②月子里宜梳头、洗头。在产前将头发剪短，便于产后梳理；产后要定期洗发，若产妇掉发不必忧虑，洗头时脱发较多，是由于雌孕激素在产后骤降所致，属正常现象。

③月子里在身体条件允许时要经常洗澡。

④产妇可以适当读书看报，要少看电视。

⑤产妇应注意精神保健，产后10天内易发生抑郁症。

⑥正常分娩后56天内不能过性生活；剖宫产最好在分娩后3个月以上才能过性生活；产钳及有缝合术者，应在伤口愈合、疤痕形成后，即产后70天左右再过性生活为宜。产后性生活不宜太频繁，一般每周过性生活1～2次。

⑦满3个月后，无论月经是否来过，都应坚持采取避孕

措施。

3. 产妇的营养

（1）产后产妇的特点。气血俱虚、抵抗力低、脾胃功能弱，所以产褥期就是机体修复的一个时期。

（2）产妇对各种营养素的需求量都很大，以满足一天分泌乳汁 800~1 000 毫升的需求。

（3）营养原则。热量充足（3 500 千卡）、高蛋白（90~95克）、一定的脂肪，特别是必需的脂肪酸 DHA，多补充水分（3 000 毫升），多补充钙（1 200 毫克），多补充铁、锌、碘等微量元素及维生素和膳食纤维。

（4）调养原则是补血、补气、散寒、催乳、补钙、防便秘、助消化。食物品种多样化、少量多餐、每日喝汤、烹调细软易消化，做到杂精稀软。

（5）膳食选择原则。粗细搭配、清淡适宜，忌食辛辣温燥、生冷坚硬的食物，宜少量多餐、干稀搭配，多吃新鲜蔬菜和水果。

（6）不同分娩方式的膳食安排。

①正常分娩产妇：第一日多喝汤，多吃些流食；第二日可吃稀、软、清淡可口的半流质，如面汤、小米粥、鸡蛋等；3 日后就可以吃一般的食物，进食量应逐渐增加，少量多次，一日可进食 4~5 餐。

②会阴撕裂缝合产妇：24 小时胃肠功能恢复后，术后食用流质一天，忌食胀气食品，以后半流质 1~2 天。Ⅲ度撕裂者，食用无渣膳食 1 周左右。

③剖宫产手术的产妇：6 小时后，适宜食用一些排气类食物，如白萝卜汤等，以增加肠蠕动，促进排气；24 小时后，胃肠功能恢复后进食流食 1 天，如蛋汤、米汤等；排气后改为半流食，如烂粥、面条、馄饨等，然后逐渐恢复到正常饮食。

（7）不同阶段饮食调配。

第一周：开胃、排恶露、促进伤口愈合，忌急于滋补下奶（产后体虚胃口差，虚不受补）。推荐食物：当归鲫鱼汤（提高子宫收缩力）、薏仁红枣百合汤（健脾胃利小便）、什菌煲（香菇能提高免疫力）、鸡蛋汤、白萝卜蛏子汤（通气排便）等。

第二周：调理气血、催乳、消肿，忌大补，宜用优质蛋白质，补钙、铁、维生素。推荐食物：花生红豆汤、黑芝麻花生粥、猪蹄茭白汤、香蕉百合银耳汤、核桃莲藕汤等。

第三、第四周：催乳、补气养血，除生冷外均可吃，忌太油腻。推荐食物：乌鸡汤、虾、山药、栗子、红枣、菠菜、香蕉等。第四周可以用中药煲汤进补，药膳方剂有：四物汤、八珍汤、十全汤，忌大热性、大补的中药材。

第三节　老年人护理与病人护理

一、老年人护理

1. 饮食护理

（1）老年人膳食调配常识。

①营养全面，均衡搭配。膳食中热量和各种营养必须能满足人体生理活动的需要。在保证适当的热量供给的同时，要保证蛋白质与钙、铁、锌、硒等无机盐和微量元素以及维生素的供给。食物多样化是保证老年人膳食平衡的必要条件，要合理搭配主副食，粗细兼顾，不偏食，不挑食。总之，在营养供给方面既要避免营养素缺乏，又要避免营养素过剩。

②合理的饮食习惯。老年人必须养成良好的饮食习惯。老年人除了应保证一日三餐正常进食外，为了适应其肝糖原储备减少及消化吸收能力降低等特点，可适当在晨起、餐间或睡前安排一些点心、牛奶、饮料等食物作为补充。但每次数量不宜

太多，以保证每日总热量不超量为准；坚持早吃好、午吃饱、晚吃少的原则；每餐以7~8分饱为宜，忌暴饮暴食；另外，少量适度饮酒可促进血液循环，但要忌过度饮酒；严格控制肥肉、高糖食品以及含胆固醇高的食品摄入；对于超重或肥胖者更应该注意限制热能食品的摄入。

③恰当的烹调方法。要以保持食物的有效营养为主，同时要保证食物能利于消化吸收，且要有良好的食品感官性状以刺激食欲。老年人的膳食应以熟、嫩、软、易消化为准，限制油腻、辛辣食物。烹调方法以蒸、煮、炖、熬等方法为主，尽量不用煎、炸类烹饪技法制作老年人菜肴，同时要保证食物的色、香、味、形等感官性状良好，并要适当照顾老年人已有的饮食习惯。

④清淡少盐、低糖。老年人饮食宜清淡，水果、蔬菜、素食品味淡宜常食；肉类食品油腻味浓宜少食；食物不宜过咸或过甜。盐素有百味之王的美称，菜肴中缺少盐必然会食之无味，但是应根据老年人的实际情况适当控制摄盐量。一般情况下，要求将老年人每日综合摄盐量控制在6克以内，高血压老人每天食盐量不超过5克，有的要在医生指导下采用少盐、无盐饮食，或低钠膳食。

老年人因基础代谢率较低，热能的需要量亦相对减少。老年人食糖过多会导致热量增加，糖在体内经过肝脏的分解后会转变为皮下脂肪，从而导致肥胖。过多的糖还会导致胰岛β细胞负担加重，久而久之会导致糖尿病的发生。

⑤常吃水果和蔬菜。水果酸甜适口，能为人体提供丰富的维生素和无机盐，是茶余饭后的一种享受。水果中的各种营养成分，有助于老年人保健，有助于一些老年病的防治，并能增强免疫能力。因此，老年人应该常吃些新鲜水果，可润肌肤，养毛发，减皱纹，护眼力，减缓衰老。

老年人可以经常食用的水果有苹果、香蕉、桃、石榴、柑橘、山楂、柚子等。水果虽好，但要讲究科学食用。老年人吃水果应采取少量多餐的方法。胃酸过多者不宜吃李子、山楂、柠檬等含有机酸较多的水果。患糖尿病的老年人，不但要少吃糖，也应少吃含糖高的水果，如梨、香蕉、苹果、柑橘等。

蔬菜中含有丰富的纤维素，缺乏食物纤维的膳食是许多疾病的直接或间接病因之一，如结肠癌、高胆固醇血症、缺血性心脏病、糖尿病以及便秘、痔疮等。纤维素还可影响血糖水平，减少糖尿病患者对胰岛素和药物的依赖性，并有防止热量过剩和控制肥胖的作用。

⑥多吃素食。以素食为主，但并不是膳食中完全不含有动物性食品，而是从营养学角度出发，在把握平衡膳食的前提下，提倡多吃素食。老年人多吃素食，对防止冠心病、高血压、糖尿病、肠癌等疾病有非常好的效果。因为粗粮和豆制品中含有大量蛋白质、碳水化合物，既是热能的主要来源，也是食物纤维的来源，而食物纤维对防止出现上述疾病具有良好的效果。蔬菜和水果中含有丰富的维生素 C 和维生素 B_2，能促进细胞对氧的吸收，有利于细胞的修复，可增强机体抵抗力与防癌作用。此外，蔬菜中含有钙、磷、铁、钾、镁等元素，可有效保护心血管系统，预防动脉硬化的发生和发展。

⑦少喝或不喝咖啡。咖啡的主要成分为咖啡因，咖啡因能使人振奋精神，消除疲劳，提高脑的活动能力，并具有增进食欲、促进消化等功能。但是，老年人不宜多饮咖啡，饮较浓咖啡会使心跳加快，引起早搏、心律不齐及过度兴奋、失眠等，从而影响休息，尤其晚上更不要喝咖啡。患有动脉硬化、高血压、心脏病、胃溃疡病的老年人，最好不喝咖啡。

（2）老年人饮食禁忌。

①忌偏食。偏食易造成食物营养成分比例失调，长久下去会导致身体缺乏营养。

②忌零食。不要吃过多的糖果、糕点等杂食品，吃多了会

影响正餐。时间长了往往会造成淀粉类碳水化合物、蛋白质等摄入量不足，重了还会引起多种维生素和无机盐的严重缺乏。

③忌暴饮暴食。过量的食物会给胃部造成沉重的负担，容易触发胆道疾病和胰腺炎等。

④忌烫食。太烫的食物会刺激口腔黏膜充血，造成溃疡，还会引起牙龈溃烂和牙痛，也可能损伤食管。

⑤忌吞食。不细嚼慢咽，会影响消化，极易造成胃病。

⑥忌过咸食物。常食过咸食物，会造成体液增多，血液循环量大，从而引起疾病。

⑦忌过量食甜品。老年人耐糖能力低，应控制甜食。

2. 老年人常见症状的家庭护理

（1）失眠的家庭护理。失眠是指经常不能得到正常的睡眠，至少连续3周感到睡眠时间和质量不满意，引起明显的功能障碍。失眠有入睡困难、时醒时睡、睡后易醒、多梦、醒后再难以入睡，甚至整夜不能入睡等不同表现。家庭护理要点：

①重视居室环境。注意使床铺松软舒适，调节室温和光线；减少噪声，家人注意尽量保持居室安静，不要大声喧哗、说话、走路、关门要轻；室内空气保持新鲜；注意居室保暖并去除各种可能引起不安全感的因素。

②生活规律。建立有规律的休息制度，养成良好的生活习惯；不要养成躺在床上看书或思考问题的习惯；督促不管夜间睡眠如何，早晨也要按时起床；不管精神状态如何不佳，也应坚持体育锻炼；不迷恋麻将、扑克、电脑游戏等。

③饮食合理。晚餐要清淡，不宜过饱；忌辛辣油炸食品，少油腻不易消化的食物；睡前忌饮浓茶和咖啡，不做紧张和兴奋的活动。

④睡前护理。睡前用温热水泡脚10~20分钟以促进睡眠。

⑤加强锻炼。积极参加体育锻炼，如打太极拳、踢毽子、做健身操、跑步等有氧运动，促进身体健康，从而改善睡眠

状态。

⑥心理护理。做好心理疏导，积极治疗躯体疾病。

⑦正确服用催眠药。用药的目的是不要使睡眠依赖于药物，而是以药物为手段重新建立正常规律的睡眠。

（2）咳嗽、咳痰的家庭护理。咳嗽分干性咳嗽和湿性咳嗽，是机体的重要防御功能之一，但剧烈、频繁、持久的咳嗽则不利于机体健康。痰液是喉以下呼吸道和肺泡的分泌物，通过咳嗽排出体外。咳嗽原因可见于炎症刺激（如急慢性呼吸道感染、肺炎、肺水肿等）、机械性刺激（如气管异物、支气管肺癌、支气管哮喘等）、化学性刺激（如各种烟雾、刺激性气体的吸入）、过冷过热的空气刺激、气胸、食道反流、某些药物的副作用等。护理要点：

①改善环境。居室空气清新、流通，温湿度适宜，避免刺激性气体，戒烟并避免被动吸烟。

②饮食护理。饮食宜清淡易消化，少食油腻辛辣等助湿生痰和刺激咳嗽的食物（如膨化食品），多食具有止咳化痰作用的鸭梨、柑橘、蜂蜜、枇杷、苹果等，暂戒烟，多喝水，保证蛋白质和维生素的摄入。

③保证休息。咳嗽剧烈、频繁者要注意休息。

④保持呼吸道通畅。有效的咳嗽对清理呼吸道的痰液、控制感染是非常有效的。老年人特别是长期卧床的老年人容易并发坠积性肺炎，所以有效地咳嗽可以减少并发症的发生。具体方法是取坐位，身体向前倾，做深而慢的呼吸，然后屏气3~5秒钟，从胸部而不是喉咙做爆发性咳嗽，每2~4小时做一次。还可以用空心掌迅速而有规律地进行背部叩击或雾化吸入。

⑤用药护理。按医嘱服用止咳、消炎、化痰等药物。

（3）便秘的家庭护理。便秘是指大便闭结不通，表现为大便次数减少、粪便坚硬、排便困难、多半有腹胀。老年人因肠蠕动功能减退，容易出现便秘。护理要点：

①定时上厕所，练习排便的好习惯，是防止便秘的好方法。不管有无便意，不管能不能排出，也要坚持定时上厕所，锻炼排便反射。

②加强锻炼。要注意多运动，尤其要注意腹部肌肉的锻炼，以促进肠蠕动而缓解便秘。

③生活规律。生活起居要有规律，避免精神紧张。

④饮食调理。鼓励多食蔬菜、水果及润肠滑泻食物，如蜂蜜、香蕉、生梨，或含纤维素多的菜类，如韭菜、芹菜等；多饮水。

⑤正确选用泻药。麻仁丸、大黄苏打片长期服用会造成大肠色素沉着，大肠黑病变是可以致癌的，同时长期服用泻药会引起结肠痉挛，造成体内维生素和钙的缺乏。

⑥掌握简便通便法。掌握开塞露、肥皂条的使用，必要时人工取便。

（4）腹泻的家庭护理。

①注意休息，多饮水。患病期间要主动多喝白开水、茶水、淡盐水、红糖水、米汤、青菜汤、扁豆汤等，可交替饮服。

②注意饮食调养。腹泻期间应食无油、少渣、易消化流食，如藕粉、豆腐花、大米粥、小米粥、山药粥、细面条等，少食多餐，勿食生冷、坚硬及含粗纤维多的食物；禁止吃油炸油煎食品，牛奶、豆浆应暂时不喝，以免腹胀。

③服药遵照医嘱。按时按量服药，不要吃吃停停，这样容易治疗不彻底，可演变成慢性腹泻。

④保暖。腹泻期间保暖腹部有助于恢复健康。

⑤肛周护理。做好肛门周围皮肤的清洁卫生。由于腹泻次数多，肛门周围多次的刺激容易沾染病菌、病毒和其他不洁之物。如果便后不及时清洁干净，容易引起炎症，甚至糜烂。因此，腹泻患者每次便后一定要用温开水充分洗净肛门，然后用

卫生纸或软布擦拭干净，并涂油膏以保护局部皮肤。

⑥注意观察。及时观察病情，病情加重或伴随发热、腹痛等及时去医院。

（5）发热的家庭护理。发热是产热增加或散热减少所导致的人体体温超过正常范围的现象。正常人体腋下温度为36～36.8℃，超过37℃为发热，不超过38℃为低热，38～39℃为中度热，39℃以上为高热。家庭护理要点：

①休息。发热患者应保证充分休息，高热患者代谢增快、能量消耗多，故体质虚弱，需要绝对卧床休息。

②体温监测。一般发热患者每日测四次体温，高热的患者每四小时测一次体温，体温恢复正常3天后，改为每日测两次，如患者进冷热饮食或用退热药后应过30分钟后再测，并做好记录，为医生提供参考依据。

③加强营养。发热患者往往缺乏食欲、消化吸收功能减退及代谢增加，应给予高热量、高蛋白、高维生素、清淡、易消化的流质或半流质饮食，忌食生冷食物。

④补充水分。发热患者因机体代谢率增加，热量消耗大，水分丢失多，所以要鼓励多饮水。

⑤降温处理。发热者可予以物理降温。经物理降温，体温仍不见下降，可按医嘱服用退热药。常用的解热镇痛药有阿司匹林、扑热息痛等。

⑥口腔护理。口腔黏膜因发热干燥，加之维生素缺乏和全身抵抗力减弱，容易引起口腔炎及黏膜溃疡，所以对于长期高热的患者，要注意口腔卫生。嘱咐患者用淡盐水漱口或漱口液漱口，防止口腔感染，应督促患者勤刷牙、饭后漱口，口唇干裂者应涂石蜡油或植物油加以保护。对生活不能自理的患者每天做口腔护理1～2次，并观察口腔情况。

⑦皮肤护理。长期发热卧床不起的患者，应经常协助患者更换体位，按摩受压处。高热患者在退热过程中往往大量出汗，

待汗退后，应及时更换内衣、内裤、床单、被罩等，以保持皮肤清洁干燥。

⑧病情观察。发热常常是许多急、危、重症疾病的首发症状，如胰腺炎、阑尾炎、伤寒、重症感冒等。所以应引起注意，一旦有家人发热，特别是突发高热并伴有一些其他危重症状，如血丝痰、胸闷、呼吸困难、腹痛、剧烈头痛等应立即到医院就诊，以免延误病情。

二、病人护理

1. 饮食护理

根据不同的疾病，给予不同的饮食，有流质、半流质、普通饮食。老年病人尤其是手术后的病人，需要进食流质或半流质饮食。

(1) 制作流质饮食。流质饮食的分类及特点如下：

①普通流食。常用的有米汤、蒸蛋、豆浆、牛奶、菜汁、果汁、各种肉泥汤及稀藕粉。

②清流食。选用无渣及产气少的流食食物，如去渣肉汤、菜汁、米汤等，适用于胃肠道手术后的患者。

③无糖流食。适用于一般腹部手术后患者，如胆管、阑尾、子宫等术后患者。

④浓流食。常用橡皮管吸饮，以无渣较稠的食物为宜，可用食物有鸡蛋面糊、比较稠的藕粉等，适用于口腔手术后吞咽困难者。

(2) 制作半流质饮食。半流质饮食介于软食与流食之间，外观呈半流体状态，用于限量、多餐次进食的病人。

①食物特点。半流质饮食是一种比较稀、软、烂的食物，易消化、易咀嚼、粗纤维含量少、无强烈刺激呈半流质状态的食物。

②适用范围。半流质饮食适用于发烧、咀嚼吞咽困难及急

性消化道炎症，手术前后以及病情危重的病人。

2. 医疗护理技术操作

（1）血压测量法。血压是指血液在血管内流动时，对血管壁产生的侧压力。正常成人的高压（收缩压）在 90～130 毫米汞柱，低压（舒张压）在 60～90 毫米汞柱。人在做剧烈运动、情绪激动时会出现暂时性血压升高现象。随着年龄的增长血压也会有相应的变化。青壮年如果连续测量两次收缩压超过 130 毫米汞柱或舒张压超过 90 毫米汞柱，均视为高血压。

现在血压计的种类很多，经典的是汞柱式血压计，还有电子血压计。汞柱式血压计操作方法如下：

病人取坐位或卧位，测量部位在上臂，让病人露出上臂，伸直肘部，手掌向上平放，使血压计的"0"点、测量部位、心脏在同一平面，驱尽袖带内气体，平整无褶的缠于上臂中部，松紧度刚好放入一指为宜。袖带的中部应对应肘窝，使充气时压力正好压在动脉上，袖带下缘距肘窝上缘一横指。戴上听诊器，开启水银柱开关，在肘窝内侧摸到肱动脉搏动最明显处，放入听诊器听头，一手关闭气门上的螺旋钮，握住充气球向袖带内打气至肱动脉搏动消失，再升高 3 毫米汞柱，然后缓慢放气，使水银柱缓慢下降，并注意听与看，看水银柱所指刻度，听第一声搏动音，此时汞柱所指的刻度即为收缩压，随后搏动声继续存在并增大，当搏动声突然变弱或消失，此时的汞柱所指的刻度即为舒张压。测量完毕记录数据，排尽袖带内气体，将水银指针放至"0"位，关闭水银柱开关，以防水银外溢，并收纳好血压计，并妥善保管，以备下次使用。

（2）口腔护理。口腔是病原微生物侵入人体的途径之一。口腔的温度、湿度和食物残渣最适于微生物的生长和繁殖。病人由于身体的抵抗力下降，饮水、进食减少，为口腔内微生物大量繁殖创造了条件，从而易引起口腔炎，使口腔发臭，影响食欲及消化功能，甚至由于感染导致腮腺炎、中耳炎等并发症的发生。所以，口腔卫生对人体健康关系密切。

一般情况较好的病人可选用小型直柄、刷毛排列宽的牙刷刷牙，沿牙齿的纵向刷，自牙龈到牙冠，牙齿的内、外咬合面都要刷到。不能起床的病人，刷牙时可取侧卧位、头偏向同侧，颈下围干净毛巾，口角旁放置口杯和脸盆，用于接漱口水，必要时应帮助病人刷牙。

（3）床上梳头。目的是去除皮屑及污垢，保持头发整齐、清洁，刺激头部血液循环，促进头发的生长代谢，使病人舒适、美观，增强自尊和自信。梳头时，协助病人成坐姿，把毛巾铺于肩上，如果病人不能坐起，就平躺于床上，铺毛巾于枕头上，将头发从中间梳向两边，左手握住一股头发，右手持梳子由发梢逐段梳至发根，长发或头发打结时，可将头发绕在食指上慢慢梳理，如头发黏结成团，可用30%乙醇湿润后，再小心梳顺，长发可酌情编辫或扎成束，短发可直接从发根梳至发梢。梳发时注意避免强行梳拉，以免造成病人不适或疼痛。

（4）床上擦浴。适用于病情较重、卧床、活动受限及无法自行沐浴的病人。

准备用物（脸盆、足盆各1只、水桶2个、一桶盛50~52℃热水、一桶接污水、毛巾两条、浴巾、清洁衣裤、被单等）带至床旁，关好门窗，调节室温在22~26℃，和病人说明情况后松开床位的盖被，将病人身体移向床沿，靠近护理人员，将脸盆放在床旁凳上，调好热水，水温在50~52℃，将微湿的热毛巾包在右手上进行擦拭，擦洗步骤：擦洗面部→擦洗上肢→泡洗双手→擦洗胸腹→擦洗背部→擦洗下肢→泡洗双足→擦洗会阴。擦洗完毕换上清洁衣裤和被单。擦洗时要注意脱衣服时先脱近侧再脱对侧，肢体有外伤，先脱健康的一侧再脱患伤的一侧，擦完一侧再擦洗另一侧，要注意用浴巾保暖，防止受寒，擦洗时要关心体贴病人，动作轻柔，同时观察病人的情况，在擦洗的过程中病人如出现寒战、面色苍白等立即停止擦洗，同时还要观察皮肤有无异常，如有异常，及时处理。

（5）压疮的护理。压疮是身体受压部位持续受压过久，血液及皮下组织所需营养不能适当供给皮肤及皮下组织，而导致的组织坏死和压力性溃疡。

一般神志清楚的人，当感身体不适与疼痛时，都会很自然地改变体位，调整姿势从而使受压处及时得到减压或避开刺激，而瘫痪、昏迷的病人，由于不能自主活动，极易导致受压部位组织受到损害。另外，由于皮肤被分泌物或大小便污染，也会加速压疮的发生和发展。长期高热、年老体弱及恶病质的病人，由于全身营养缺乏，身体抵抗力减弱，也容易发生压疮。

①压疮的易发部位：压疮容易发生在身体受压和缺乏脂肪组织保护、无肌肉包裹或肌肉层较薄而支持重量较多的骨突处，如髂部、骶尾部、肩胛部、肘部、膝关节的内外侧、内外踝部、足跟部等处。

压疮是对卧床病人，尤以昏迷、恶病质的病人威胁最大的主要并发症之一。压疮一旦发生，不但增加痛苦，且常由于压疮可能继发感染引起败血症而导致病人死亡。但只要家政服务员具有高度的责任心，积极主动采取各种预防措施，即可杜绝压疮的发生。

②压疮的预防方法：

● 消除发病原因。加强病人营养，增强机体抵抗力，应多给予病人蛋白质、高维生素、易于消化的膳食。

● 避免局部长期受压。年老体弱、长期卧床的病人，家政服务员应鼓励病人多翻身，对病情危重、高热、昏迷、瘫痪等不能自行翻身的病人，应每隔 2 小时给病人翻身一次，翻身时应将病人身体抬起再变位置，避免拖、拉、推等动作。骨突处及易受压部位要垫气圈、棉圈、棉垫或海绵垫，并要对此类部位多做按摩，以促进血液循环。对于长期卧床的病人每日至少给病人做 2 次全身按摩，主要按摩躯体受压部位、血液循环差和肌肉包裹较为薄弱的骨隆突部位等。对使用石膏、夹板、牵引固定的病人，还应随时观察局部皮肤和指、趾甲的颜色以及温度的变化，听取病人反映，及时请医护人员解决必要的问题。

• 避免潮湿及摩擦刺激。要保持皮肤清洁干燥；对大小便失禁、出汗及分泌物多的病人应及时清洁；保持病人床位上干净整洁、无渣屑。便器必须无破损，使用便盆时应协助病人抬高臀部，并在便盆上垫软纸或棉垫。

• 经常检查受压部位，定时用50%酒精或用正红花酒精按摩。按摩时，将酒精少量倒入手掌中，按摩受压部位，对骨骼突出部位做环状按摩运动，手掌应紧贴皮肤，压力要由轻到重，由重到轻循环进行，待酒精全部挥发变干为止。如果局部已有红肿、触痛等压疮早期症状，按摩时不要在患处加力；如果未破，应在发红之处按摩；如果有破溃，可用拇指由近压疮处向外按摩，必要时每隔2小时按摩一次，一般每日4~5次便可。

• 应经常用温水为病人擦浴、擦背或用湿热毛巾敷于受压部位并作局部按摩，以改善局部血液循环和营养状况。

③压疮的护理方法：压疮发生后应积极治疗原发病、增加全身营养，加强局部治疗和护理。

• 淤血红润期。可采用各种预防措施，防止局部再度受压，避免摩擦、潮湿和排泄物的刺激，改善局部血液循环，加强营养的摄入以增强机体抵抗力。

• 炎性浸润期。应注意保护皮肤避免感染，除继续采取淤血红润期的护理措施外，若有水疱时，未破的小水疱给予厚层的滑石粉包裹，以减少摩擦，防止破裂感染，让其自行吸收；若有大水疱，可在无菌操作下用注射针将水疱内液体抽出，然后涂以0.1%洗必泰等（遵医嘱用药），用无菌敷料包扎。

• 溃疡期。应加强清洁疮面，除腐生新，促使愈合。除全身和局部措施外，应根据伤口情况，按外科换药进行处理。若局部已破溃，浅表疮面可用生理盐水清洗消毒，再以无菌纱布覆盖，每天换一次，直至疮面愈合。如果疮面有感染，轻者用无菌生理盐水或消炎液或保护液清洗疮面，再用无菌凡士林纱布及敷料包扎，每天更换敷料一次。如果溃疡较深，引流不畅，应用3%双氧水冲洗，以防止厌氧菌滋生；如果有坏死组织，应让医护人员予以清除。

● 理疗。在压疮治疗护理过程中，可辅以理疗，如有紫外线或红外线照射，使疮面干燥，促进血液循环。紫外线照射可起消炎和干燥作用，治疗前应先清洁疮面，盖上消毒纱布，理疗完毕再敷上药物，按医嘱每日或隔日照射一次；红外线照射可起消炎、促进血液循环、增强细胞再生功能等作用，同时可使疮面干燥，减少渗出，有利于组织的再生和修复。

第五章 制作家庭餐

家庭餐的制作是家政服务员的一项重要工作。本节主要介绍常用的主食制作方法以及蒸、炸、炒、炖、拌、煮、煎等制作家庭菜肴的烹饪技法。

第一节 制作主食

一、烤制主食

烤就是把生的食品原料置于烤箱中，利用烤箱的高温把食品烘烤成熟的方法。一般多用于制作面类制品。

（一）操作程序

（1）和面团（发酵面团、油酥面团、水油面团），准备好馅料（甜馅或咸馅），备好烤盘、面板、面杖、模具。

（2）根据制作的品种（面包、桃酥、蛋糕、油酥烧饼）下剂、包馅、成型，准备烤制（面包面团要醒发片刻）。

（3）烤箱通电或点火升温，面坯码入烤盘，放进烤箱进行定时烘烤，到时立即出炉。

（二）操作要点

（1）准备用具。面板、面杖、模具要求清洁、无面痂，烤盘、烤箱清洁、无油渍。面板、面杖有面痂会影响成品外观，烤箱和烤盘内的油渍在烘烤中易遇高温发烟，使食品沾染烟味。

（2）和面。面粉要新鲜且要过箩筛匀，保证面粉不含有面痂。水与面，油、糖、酵母的比例要准确恰当，面团要充分揉

· 70 ·

匀，面团含水量要恰当，含水量多少均会影响食品的质地。有的面团要经过充分的醒发。

（3）调制馅料。肉质一定要新鲜，肥瘦适当，调味恰当，打水适量且搅拌方法正确。肉质不新鲜会影响馅的味道，肉肥瘦比例不合适口感或腻或柴，馅含盐量多少会影响肉馅的鲜味。甜馅中的果料要认真挑选，防止有油脂酸败的果料拌入馅心。

（4）恰当掌握烤箱温度。烤箱温度过高容易外糊内生，烤箱温度过低则食品外形干瘪，颜色浅白不好看。

（5）包酥食品抹酥要均匀，外皮薄厚一致，馅心要正，包口要严，外形整齐一致。

二、烙制主食

烙就是把饼铛烧热，放入成形的面坯，通过铛传热使食品成熟的方法。

（一）操作程序

（1）和制面团（发酵面团、油酥面团、水面团、粉浆面团等）。

（2）准备好馅料（甜馅或咸馅），备好饼铛、面板、面杖。

（3）面团醒发片刻，根据制作的品种下剂、包馅、成型。

（4）饼铛烧热，刷少量底油，放入成型的面坯，掌握好温度，边烙边对铛中的食品进行翻转，待两面有均匀的金黄色铛花时立即下铛。

（二）操作要点

（1）用具要求。面杖要求干净清洁、无干面痂，饼铛要求清洁、内外无油渍。面板、面杖有面痂会影响成品外观，饼铛的油渍易使食品产生油脂酸败味道。

（2）和面要求。面粉要新鲜，有结块则要过箩筛匀，保证面粉不含有面痂。水与面的比例恰当，不同面团所用的水温度要恰当，面团要充分揉匀、饧透，面团含水量要恰当。水温不符合要求会影响食品口感，面团没有揉匀、饧透也会降低面的筋性，影响食品的口感。

（3）调馅料要求。肉质要新鲜、肥瘦适当，调味要恰当，打水要适量且搅拌方法正确。肉质不新鲜会影响馅的味道，肉肥瘦比例不合适口感会变柴或腻。馅的含盐量多少也会影响肉馅的鲜味，过咸还会影响身体健康。肉馅打水过多，成品易变形，易掉底、溢汤；水过少，馅心嫩度会下降。搅拌肉馅无规律会减少肉的吃水量，影响嫩度。甜馅中的果料要认真挑选，防止有油脂酸败的果料拌入馅心。

（4）烙制食品时刷油不能过多，应边烙边移动锅位，边翻转食品，避免火力不匀造成中间焦煳、四周夹生。烙制大馅饼时，要待铛底面的面坯基本熟了再翻面，避免露出馅。

（5）掌握恰当的火力，铛温不能过高或过低。铛温过高容易外煳内生，铛温低容易把食品烙干。

三、蒸制主食

（一）蒸制肉丸

（1）原料准备。面粉 500 克，猪板油 150 克，大葱 100 克，姜 5 克，植物油 20 克，香油 20 克，味精 3 克，盐 3 克，酵母 10 克。

（2）制作方法。

● 面粉中放入酵母粉，用 60℃左右的温水 300 克和成面团，放置面盆中盖上潮湿的布醒发 20 分钟左右，制成饧面团。

●将猪板油剥去薄膜，清洗干净，切成 0.4 厘米见方的丁。

●葱、姜清洗干净，葱切成葱花，姜切成末。

●把猪板油丁加葱花、姜末、味精、盐、香油搅拌成脂油馅。

●将饧透的面团搓成条，揪成 10 个大小均匀的剂子，撒上干面粉逐个按扁，用擀面杖擀成长薄片，抹上脂油馅，卷成卷封好口，制成肉丸坯。

● 将肉丸坯放进蒸笼，再将蒸笼置于大火上烧至上汽，改中火蒸约 20 分钟即可。

（3）制作要点与注意事项。

● 油不可过多，肉丸要厚薄均匀。

● 火力要大，不可中途打开锅盖。

● 蒸熟后打开锅盖时注意不要被蒸汽烫伤。

（二）蒸制花卷

（1）原料准备。面粉 500 克，温水 200~250 克，酵母 5 克，绵白糖 30 克，花生油 30 克，细盐 10 克，葱花 25 克，花椒粉 5 克。

（2）制作方法。

● 将酵母放到小碗里，并放入温水 50 克，将酵母稀释开。

● 将 450 克面粉放在面盆里（另外 50 克面粉留作面干），倒入稀释好的酵母水、绵白糖，然后将余下的 200 克温水慢慢倒入盆里，边倒边用筷子搅拌面粉，使得面粉加水搅拌均匀。

● 面粉加水搅拌均匀后将面揉在一起，反复揉搓使其成团，然后将面团倒在面板上反复揉搓至表面光亮，再将面团放回面盆里，在面团上蒙上潮湿的纱布或锅盖或保鲜膜，以尽可能使面团不接触空气，从而保证面团表皮不被风干，此即为发面坯。夏天一般需要 1 小时左右，而冬天则需要 2 小时以上方可将面团发透。

● 将葱花、花椒粉、盐均匀地分成 5~6 份（面团分成几个剂子，调料就分成几份）。

● 将发酵好的面团取出放在面板上（面板上要均匀地撒上一层薄薄的面干）揉搓，如果面团较软可以边揉边掺入少量的面干，然后将面团均匀地分解成 5~6 个剂子。

● 将揉好的面剂用擀面杖擀成 0.2~0.3 厘米厚的薄片，然后在面片上均匀地刷上薄薄的一层花生油，再将葱花、盐、花椒面逐份均匀地撒在上面。

●将面片逐个从一头卷向另一头，卷好后把边压实。然后用手拿起面坯的两头并轻轻拉开，使得中间稍薄，此时顺势将面坯两头反方向拧转一圈，并从中间对折起来，使面坯两头黏合在一起，并用力捏紧，花卷坯即做好了。

●将花卷坯均匀地码放在笼屉里，盖上笼屉盖。蒸锅里放入 2 000 毫升左右冷水，将笼屉平稳地置于其上对花卷面坯进行二次发酵，时间 10 分钟左右。

●二次发酵完成后将蒸锅置于火上，大火将水烧开至上汽，继续蒸 20 分钟左右即可。

（3）制作要点与注意事项。

●和面讲究三光，即面光、盆光、手光。

●面团发酵要透，面皮薄厚、刷油、涂抹调味料都要均匀。

●要保证花卷面坯成型后软硬适当，确保花卷坯不会瘫软。

●蒸制时火力要大，蒸制过程中不能中途打开锅盖。

●蒸制好后，打开锅盖时要注意安全，避免被蒸汽烫伤。

（三）蒸制三鲜蒸饺

（1）原料准备。面粉 500 克，五花猪肉 400 克，熟火腿 100 克，熟猪油 40 克，冬笋 100 克，精盐 2 克，酱油 25 克，香油 25 克，胡椒粉 1 克，绍酒 15 克，味精 1 克，清水 400 克。

（2）制作方法。

●制馅。将五花猪肉清干净，剁成小颗粒（或用绞馅机绞碎）；火腿和冬笋切成小颗粒；猪油烧至六成熟，使其充分溶解，放入肉粒炒散，再放入冬笋、火腿，加入绍酒、酱油、精盐略炒即起锅入盆，加入味精、胡椒粉搅拌均匀即成馅心。

●制皮。将面粉放入面盆里和好，揉匀、揉光，盖上潮湿的布醒 10 分钟左右；在面板上均匀地撒上一层薄薄的干面粉，再将面团取出放在面板上揉搓成直径约 2 厘米粗的圆条，切成

40 个剂子，撒上少量面粉，将剂子打散，每个剂子擀成直径 8 厘米左右的圆皮即成为饺子皮。

● 包馅成型。取饺子皮一张（沾面粉较多的一面贴在手心上），用筷子或竹片将馅心挑入其中，提起一侧的饺子皮均匀地对折到一起，然后将开口处捏合到一起，呈月牙形花边即可。

● 蒸制。将饺子面坯均匀地放入蒸笼中，要根据笼屉的大小均匀摆放，每个饺子之间要留有一定的缝隙；将笼屉上盖，置于蒸锅上，用沸水旺火蒸约 10 分钟即可。

（3）注意事项。面团揉制要均匀，馅料要顺同一个方向搅拌均匀；饺子皮大小、薄厚要相对均匀，包馅后边要捏紧；要用开水蒸制，以避免瘫软；蒸制时不能中途打开锅盖。

（四）蒸制发糕

（1）原料准备。面粉（小麦粉、玉米粉、大米粉均可）500 克，饴糖 50 克，酵母 70 克，白糖 70 克，猪油 50 克，蜜桂花 10 克，苏打粉 10 克。

（2）制作方法。

● 将酵母放到小碗里，倒入温水 50 克，将酵母稀释开。

● 将面粉放在面盆里，先放入饴糖，再将 200 克左右的温水慢慢倒入盆里，边倒水边用筷子搅拌面粉，使面粉加水搅拌均匀。

● 将面反复揉搓成团，然后将面团放在面板上反复揉搓至表面光亮，再将面团放回面盆里。

● 在面团上蒙上潮湿的纱布或锅盖或保鲜膜进行发面。夏天一般需要 1 小时左右，而冬天则需要 2 小时以上方可将面团发透，待面团体积膨胀一倍后即可。

● 取出面团置于面板上，将苏打粉、白糖、猪油均匀地揉进发酵好的面团里，然后根据蒸笼的大小将面团分解成几个等份，再将分解后的面团揉搓成长条状，将蜜桂花均匀地撒在上面，放在面板上静置 5 分钟。

● 将静置后的面坯均匀地码放到蒸笼里，上蒸锅用大火蒸20~30分钟即可。

（3）注意事项。面团揉制要均匀，发酵要充分；蒸制过程中不能中途打开锅盖，以避免中途泄气而导致成熟不够；要待蒸汽自然泄气后才能起锅，以避免烫伤。

第二节　制作菜肴

一、蒸制菜肴

（1）清炖甲鱼。

①主料准备：500克左右甲鱼一只。

②调料准备：盐5克，味精3克，料酒15克，葱50克，姜80克，胡椒粉3克。

③制作方法：

● 将甲鱼宰杀后，用90℃的热水浸泡2分钟左右，再用餐刀刮去甲鱼体表的污皮。

● 用刀把甲鱼从盖的下端剖开，摘下内脏，摘除肉中的脂肪。

● 把甲鱼用刀斩成块，放入沸水中浸煮2分钟，把甲鱼捞出。

● 在锅中放入2 500克清水，烧开后放入甲鱼、姜片用小火慢煮，煮90分钟左右后放入盐、味精、料酒、胡椒粉、葱段，再继续炖煮30分钟左右达到肉质熟烂即成。

④注意事项：煮制前一定要把甲鱼的脂肪摘净，否则汤容易腥；水要一次放足，如果出现因水少造成的焦煳会使菜肴无法食用；盐不要早放，盐放得早会影响鲜味物质，影响汤的鲜味；葱也不要放得太早，太早会产生不良的味道。

（2）口蘑蒸鸡。

①主料准备：鸡肉 200 克，口蘑 30 克。

②调料准备：盐 6 克，味精 3 克，料酒 5 克，香油 10 克，葱 20 克，姜 30 克，胡椒粉 1 克，淀粉 15 克，蛋清 10 克，碱面 2 克。

③制作方法：

● 鸡肉洗净，斩成小块。葱、姜洗净切成小片。

● 口蘑用 70℃以上的热水浸泡至水凉，去掉蘑菇蒂，用盐水泡 30 分钟，再用清水反复漂洗，去净泥沙。

● 在大蒸锅放入清水 1 500 克烧开备用。

● 鸡肉放入碱面，再加入 20 克水，抓拌均匀。

● 把葱姜片、盐、味精、料酒、香油、胡椒粉、口蘑、鸡肉放入碗中，拌匀后再放入蛋清、淀粉，再拌匀，放入蒸笼用大火蒸 60 分钟左右，至鸡肉熟烂即成。

④注意事项：此菜肴必须用大火蒸透，肉质熟烂，中途不能打开锅皿。

（3）清蒸鲤鱼。

①主料准备：750 克左右鲤鱼 1 条。

②配料准备：火腿片、冬笋片、板油丁各 15 克，水发香菇片 5 克，姜 10 克，葱 50 克，青 10 克。

③调料准备：味精 2.5 克，料酒 15 克，醋 10 克，盐水 15 克，头汤 100 克。

④制作方法：

● 将鲤鱼刮去鱼鳞，开膛，摘去内脏和鱼鳃，清洗干净。

● 将加工好的鱼用斜刀法改成一字花刀，成瓦垄形花纹。

● 将葱清洗干净，切成 4 厘米的段，姜切末。

● 鱼盘内先放上葱段，将鱼放在葱段上，再把冬笋片、火腿片、香菇片、板油丁、青豆摆在鱼身上。

● 用头汤、盐水、味精、料酒、姜末兑成汁，浇在鱼身上，上笼蒸熟即成。

● 上菜时外带些姜末和醋分别放在小盘或碗中。

（4）土参东坡肉。

①主料准备：猪五花肋条肉约 1 000 克、白萝卜 750 克。

②调料准备：绍酒 200 毫升，姜块 50 克，酱油 100 毫升，白糖 800 克，葱 50 克。

③制作方法：

● 将五花肉皮上的毛刮干净，用温水洗净。

● 将清洗干净的猪肉放入沸水锅内煮 5 分钟，煮出血水，再捞出清洗干净。

● 将煮好的猪肉切成 20 个方块。白萝卜去皮切块状。

● 葱清洗干净，切成 4 厘米长的段；姜清洗干净，切成片。

● 取大砂锅 1 只，用小蒸架垫底，先铺上葱段、姜块，将猪肉皮朝下和白萝卜整齐地码放在上面，加白糖、酱油、绍酒，然后再在上面加放一些葱段，四周摆上萝卜块，盖上锅盖，用旺火烧开后密封，改用微火焖 2 小时左右。

● 当肉八成熟时，启盖，将肉块翻身皮朝上，再加盖密封，继续用微火焖酥。

● 将砂锅端离火口，撇去浮油，皮朝上装入特制的小陶罐中，加盖，密封罐盖四周，放入蒸笼里用旺火蒸半小时左右，至肉酥透。

● 食用时已偏凉要重新加热。食用前将罐放入蒸笼，再用旺火蒸 10 分钟左右即可。

④注意事项：

● 猪肉要刮干净毛，清洗干净后要放在开水中煮 5 分钟。

● 猪肉切块大小要均匀，切好的肉块每块重约 50 克。

● 换装入小陶罐中时应将葱段和姜片丢弃，并将小陶罐密封起来。

二、炸制菜肴

（1）麻辣鸡丁。

①主料准备：鸡脯肉 500 克。

②调料准备：花椒 10 克，干辣椒 25 克，葱、姜各 10 克，盐 6 克，白糖 15 克，料酒 20 克，香油 10 克，味精 5 克，食用油 300 克。

③制作方法：

• 将鸡脯肉清洗干净，控干水分，切成 2 厘米见方的丁。

• 葱、姜清洗干净，葱切成段，姜切成片。

• 将鸡肉丁、葱段、姜片装入大碗里，放入盐 3 克、白糖 8 克、料酒少许、味精 3 克抓拌匀，腌渍 10~15 分钟。

• 炒锅上火烧干水分，倒入食用油烧热，放入鸡丁，温油炸透捞出，继续升高油温后，将鸡丁再次倒入复炸一遍，捞出待用。

• 倒出炒锅中的炸制用油，留少许底油上火烧热，放入花椒和干辣椒炒香，喷入料酒，倒入炸好的鸡丁翻炒几遍，放入余下的调味料翻炒均匀，淋入香油出锅即可食用。

④注意事项：鸡丁大小要相对一致，腌渍时间应不少于 10 分钟；首次炸制鸡丁时油温要温热，复炸时油温要高。

（2）软炸里脊。

①原料准备：猪里脊肉 200 克，蛋清 25 克。

②调料准备：精盐 3 克，味精 3 克，料酒 10 克，葱、姜各 5 克，食用油 500 克，湿淀粉 10 克，干面粉 20 克，花椒盐 10 克。

③制作方法：

• 葱、姜清洗干净后切成末。

• 将猪里脊肉清洗干净，两面交叉划直刀（正反面），深至原料的 1/2。

●把整理好的猪里脊肉用盐、味精、料酒、葱姜末抓拌均匀，并腌渍 30 分钟。

●将蛋清磕入碗内，加湿淀粉、面粉和适量清水调制成糊。

●把腌渍好的猪里脊肉放入糊中抓拌匀。

●锅内放油置火上，烧至 12℃ 左右时，将猪里脊肉下锅，炸至漂起捞出。

●继续升高油温至 160℃ 时，把猪里脊肉再放入热油中，炸成浅黄色时，倒出并沥净油，装盘，附带花椒盐上桌食用。

④注意事项：油温不能过高，防止产生有害物质；花椒盐另备一个小盘，不要直接淋撒在软炸里脊上。

（3）软炸虾仁。

①原料准备：虾仁 200 克，蛋清 25 克。

②调料准备：精盐 3 克，味精 3 克，料酒 5 克，葱、姜各 5 克，食用油 500 克，湿淀粉 10 克，干面粉 20 克，花椒盐 5 克。

③操作方法：

●葱、姜清洗干净后切末。

●将虾仁清洗干净、挤净水分，用盐、味精、料酒、葱姜末抓拌均匀，腌渍 3 分钟左右。

●将蛋清磕入碗内，加湿淀粉、面粉和适量清水调制成糊，把入味的虾仁放入糊中抓拌匀。

●将锅内放油置火上，烧至 120℃ 左右时，虾仁下锅，炸至漂起捞出。

●待油温升至 160℃ 时，将虾仁放入热油炸成浅黄色时，倒出并沥净油，装盘，附带花椒盐上桌食用。

④注意事项：

●油温不能过高，以防产生有害物质。

●花椒盐另备一个小盘，不要直接淋撒在软炸虾仁上。

●虾仁一定要挤净水分，否则会因为水分过大造成脱糊。

三、炒制菜肴

（1）蒜茸生菜。

①主料准备：生菜 500 克。

②调料准备：盐 5 克，鸡精 3 克，料酒 5 克，姜 10 克，蒜 30 克，植物油 30 克，淀粉 5 克，香油 5 克。

③制作方法：

• 生菜去掉老叶清洗干净，掰成大块；姜洗净去老皮切末；蒜瓣拍破、锤砸成泥茸。

• 在锅中放入植物油，倒入姜末煸出香味，放入生菜边翻炒边放入鸡精、盐，烹入料酒，并用清水对好的淀粉勾芡，最后放进蒜茸，淋香油即成。

④注意事项：翻炒的速度要快，最好选用铁锅，急火快炒。

（2）肉片爆圆椒。

①主料准备：瘦猪肉 150 克。

②副料准备：圆椒 400 克。

③调料准备：盐 3 克，味精 3 克，酱油 6 克，料酒 20 克，葱 10 克，姜 10 克，油 25 克，淀粉 5 克。

④制作方法：

• 猪肉清洗干净，切成 0.2 厘米厚的肉片；圆椒去蒂，切成片状；葱择洗干净，切小段，姜切薄片。

• 猪肉片加 30 克清水调拌吃水后，放入盐 1.5 克、味精 1 克、料酒 10 克和淀粉抓拌匀待用。

• 将铁炒锅刷洗干净上火烧干，倒入油烧热，放入葱、姜煸香后放入肉片，待首先接触锅的肉已经变色时可以用铲子翻炒，待肉全部变色后先把肉盛放在洁净容器中。

• 将锅再次上火，放入圆椒片用大火急速翻炒。待颜色变浅时，淋入酱油、味精，再倒入已经煸熟的肉片，烹入料酒，放入余盐翻炒均匀即成。

⑤注意事项：猪肉适当吃水，可以使肉更加细嫩；煸炒猪肉时间不可过长，变白色表示蛋白质已经变性，初期变性的蛋白质更嫩，炒时间过长，蛋白质变性过度，会影响肉质细嫩。

（3）海米烧菜花。

①主料准备：菜花 500 克。

②副料准备：海米 20 克。

③调料准备：味精 3 克，盐 5 克，料酒 15 克，葱 25 克，姜 20 克，色拉油 20 克，淀粉 10 克，香油 5 克。

④制作方法：

• 将菜花洗净，掰掉叶子，切去根，改刀切成小块，用淡盐水浸泡 30 分钟。葱洗净，切末；姜洗净，去皮切细末。

• 将海米挑出虾壳，用清水漂洗干净，用 200 克开水浸泡备用。

• 锅中放油烧热，放入海米、葱姜末，用小火煸炒出海米香味后放入菜花并迅速放入盐、味精，烹入料酒，添入 50 克清水焖至片刻，用清水对开的淀粉勾芡，待芡粉糊化后点香油即成。

⑤注意事项：

• 一定要将菜花用淡盐水浸泡 30 分钟，杀死各种蚜虫和粉蝶幼虫。

• 海米、菜花一定要加水焖片刻，这样才能使海米的鲜味附着在菜花之中。

• 有些海米盐分较大，可以在烹制菜肴前先尝一粒海米，若海米较咸，应适当减少盐的投放量。

四、炖制菜肴

（1）萝卜炖牛肉。

①主料准备：牛肉 250 克。

②副料准备：萝卜 400 克，香菜 20 克（或香葱）。

③调料准备：盐 5 克，味精 2 克，鸡精 3 克，料酒 15 克，葱 25 克，姜 15 克，香油 10 克，胡椒粉 5 克。

④制作方法：

●葱择洗干净，切成 3 厘米长的段；姜刮除老皮和腐烂的部位，切成 0.15 厘米厚、1 厘米宽、1.5 厘米长的小指甲片；香菜择洗干净，切成 2 厘米长的小段。

●牛肉用清水洗净，切成 2 厘米见方的小块。

●白萝卜洗净，刮净毛须，切成 3 厘米宽、4 厘米长、2 厘米厚的骨牌块。

●在砂锅（或铁锅）中放入 1 500 克清水，放置火上，随即放入牛肉，用旺火烧开后转小火煨炖。

●当炖约 1.5 小时至肉即将熟烂时放入盐、味精、胡椒粉、葱段、姜片、料酒继续煨炖 1 小时。

●待牛肉完全软烂时，放入萝卜再炖 15 分钟，至萝卜软烂时淋香油，端离火口，撒入香菜即可。

⑤注意事项：

●煨炖牛肉时最好使用砂锅或铁锅。

●不要去除汤面上的沫子。因为这些沫子主要成分是蛋白质，在经过长时间的煨炖后，会分解成为有营养价值的氨基酸，这样既会增加汤的营养，也会增加汤汁的鲜味。

●牛肉口味不可过淡，口味过淡压不住膻气味，过咸会影响健康。盐的投放总量最好控制在 0.8%～1%（盐的投放量是所有原材料、汤水的总重量与盐的比例关系）。由于 1 小时的煨炖会挥发大量的水分，所以要控制好盐的投放量。

●牛肉煨炖 1 小时已达到熟烂。煨炖时间适当可以使肉软烂，时间过长肉质会过熟烂，影响口感。

（2）红枣莲子三黄鸡。

①主料准备：三黄鸡半只（400 克）。

②副料准备：红枣 75 克，莲子 15 克。

③调料准备：盐 8 克，味精 3 克，料酒 20 克，葱 15 克，姜
20 克，胡椒粉 0.5 克。

④制作方法：

• 红枣清洗干净；葱择洗干净，切段；姜洗干净，切小片。

• 三黄鸡宰杀后择净小羽和绒毛，摘除内脏，清洗干净，
保留鸡肝、鸡心、鸡胗并清洗干净。

• 将宰杀好的鸡剁成小块，洗净备用。

• 莲子用温水泡 1 小时，用刀削去莲子两头，用牙签把莲
子心捅出去。

• 选用大砂锅，放入清水 1 500 克，放入鸡肉、鸡肝、鸡
心、鸡胗、葱段、姜片用大火烧开，放入盐、味精、料酒、胡
椒粉转用小火慢炖。

• 炖制 90 分钟后放红枣和莲子继续炖 30 分钟离火即可。

⑤注意事项：

• 外购的莲子多数没有去净莲子心，所以即使购买的是加
工好的莲子，也需要用清水浸泡 30 分钟，待莲子膨润后进行检
查，把莲子心彻底去净。

• 仔细检查鸡肉，剔除鸡颈部的扁桃体以及鸡尾部的鸡尖。

（3）清炖肘子。

①主料准备：猪肘子 750 克。

②副料及调味料准备：小油菜 50 克，水发香菇 50 克，大料
3 个，花椒 5 克，葱 15 克，姜 10 克，料酒 15 克，精盐 5 克，
味精 4 克。

③制作方法：

• 将肘子刮干净毛，清洗干净；放入冷水锅中煮断生后捞
出（汤水蓄用），剔去骨头，在里侧剞十字形花刀（切块也可
以）。

• 葱择洗干净，切段；姜清洗干净，切片。

• 锅内放入煮肘的汤、葱段、姜片、花椒、大料等调味料，

将肘子肉皮朝下放入锅内，然后用小火慢炖。

●炖至肘子接近酥烂时，将肘子肉翻面，使其皮朝上，再拣去葱、姜、花椒和大料，放入小油菜和水发香菇，烧开锅后撇去浮沫，熄火，装入汤碗即可。

④注意事项：肘子在炖制前应将毛刮干净，并清洗干净；炖制时要使用冷水逐渐加热，不宜将凉肘子直接放到开水里；炖制过程中要采用小火慢炖，以保证充分入味。

第六章　家居保洁与美化

家居保洁是家政服务员的基本功、必修课。只有掌握相关规律，做起工作来才能事半功倍。在保证保洁质量和设备工具的良好状态下，家政服务员应根据雇主家的设施、设备、用具的情况和自己的时间合理安排做好保洁工作。

第一节　地面清洁

一、前期准备

（1）明确清扫任务、地面类型、受污情况。

（2）准备清洁工具，如笤帚、拖把、抹布、水桶、簸箕、吸尘器、清洁剂等。

二、正确的清扫擦拭方式

（1）用笤帚清扫地面。笤帚轻拿轻放、控制高度，笤帚与地面夹角≤30°，避免扬尘。

（2）用拖把清洁地面。清洁之前，清洗拖把，拧干水分（切勿用滴水的拖把拖地），按从左至右或从右至左、由前到后的顺序用力倒退擦拭。

（3）用吸尘器清洁地面。吸尘口水平贴于地面，按顺序（同拖把）不停地移动直至将地面清洁干净。

三、清扫及擦拭的基本顺序

无论清扫、擦拭都应当按照从里到外，由角、边到中间，由小处到大处，由床下、桌底到居室较大的地面，倒退着向门口的顺序进行。

四、注意事项

（1）使用洒水等方式减少扬尘。

（2）使用拖把时，要及时清洗拖把，刚擦完的地面最好不要进入，以免滑倒或留下脚印。

（3）清扫过程中，搬动家具要特别小心，防止碰撞，以免损伤漆皮或边角。

（4）家用吸尘器一般不要连续使用超过 1 小时，以免烧坏，且不能吸液体、黏性物体和金属粉末。

第二节　家具的清洁与保养

（1）家具清洁的基本方法是先擦净处，由高向低，由上到下，由里到外，先桌面后桌脚，遇到饰品、装饰物时，先擦拭后摆放。

（2）木制家具在清洁时，怕潮、怕烫、怕磕碰。处理油污时，可以用抹布蘸剩茶水或洗涤灵擦拭，再用干净抹布反复擦拭，千万不能用开水或碱水擦洗，以防脱漆。家具上有水渍痕迹时，可用潮湿的布盖在水印上，然后用熨斗小心地按压湿布数次，促使水蒸发，消除水渍痕迹。

（3）皮革家具可用擦拭的软布或吸尘器将表面污物、灰尘清除干净，如有局部不溶于水的污垢，可用中性清洁液在局部擦洗，再用清水擦洗干净。禁止使用酒精擦洗。

（4）布艺家具可先用吸尘器或干净毛巾将表面或缝隙里的

灰尘和污物处理干净。再将毛巾浸入配制好清洁剂的水里，充分吸收后拧干，从上往下擦拭，再用清水清洗后拧干的毛巾清洁一遍。若局部有擦拭不掉的污迹，可用湿毛巾在上面闷一会儿，再擦拭。清洁完成后，用吹风机将布艺家具吹干。

第三节　厨房清洁

厨房是家政服务员的工作场所之一。整洁的厨房环境不仅是家政服务员认真工作的结果，更为家庭成员的身体健康提供保障。

一、餐具的清洁

一般餐具可用清水直接冲洗干净，擦干后放好待用。清洗顺序是先洗不带油后洗带油的餐具，先洗小件，后洗大件餐具，先洗碗筷后洗锅盆，边洗边放。小孩和病人的餐具应单独洗涤摆放。

二、炊具及厨房环境的清洁

（1）铁质炊具容易生锈，用完后马上清洗，并用净布擦干。

（2）铝制炊具可趁热擦洗。不可使用盐水或碱水擦洗，更不能用铁刷刷洗。

（3）不锈钢炊具使用后及时清洗、擦干，放在通风干燥处；不要用硬质物擦洗，以免划伤。

（4）刀具长期不用时，应在表面涂一层油（如用猪皮擦刀的表面），以防生锈。已生锈的，可浸在淘米水中，然后擦净除锈，也可用萝卜片或土豆片或葱头片除锈。案板最好是用木制的，但要经常洗刷浇烫，每次用完，最好置一通风处晾干，以防产生霉菌。

（5）碗柜是存放餐具的地方，应注意保持干净，避免二次污染。每日可用干净抹布擦拭表面和隔层，并定期将柜内物品取出，彻底清洁一次。

（6）煤气灶与液化气灶的清洁。由于使用环境恶劣，它们最容易沾上污渍且难以清洗。因此，最好的方法是使用后及时清洁，随用随擦。用废纸擦拭效果要好于抹布。油腻比较严重时，可使用肥皂水、洗洁精等擦洗。还可用面汤涂在污处，5分钟后用刷子清洁即可。当然，使用专门的清洁剂效果更好。

（7）油污纱窗卸下后用水浸湿，加上洗涤剂洗刷，最后用清水冲净，并晾干。

（8）油污玻璃使用专门的清洁剂擦拭要容易得多。

（9）厨房地面若有较多油污，可在拖把上倒一些醋再拖地，地面就可以擦得很干净。若是小面积的污渍，可用布蘸点碱水擦拭。用洗涤灵也可除去地面污渍，但要及时用清水洗净。

第四节　卫生间的清洁

不同家庭的卫生间格局有所不同，但基本设施大致相同，家政服务员在对卫生间进行清洁时，可从以下几方面着手。

（1）墙面清洁。一般卫生间的墙面和地面都是瓷砖或地板砖，可直接用海绵或毛巾在加入去污粉或洗涤灵的水中蘸湿、擦拭，擦完后用清水冲净，并用干布擦净即可。

（2）水池、水盆清洁。先用去污粉等进行擦洗，擦洗完后用消毒液消毒。

（3）马桶的清洁。首先在马桶内放入适量的水，拿马桶刷清洗一遍，再倒入5~10毫升的卫生间清洁剂或盐酸液用刷子涂匀后刷洗。如果污垢较重，可将清洁剂倒入，浸泡几分钟后刷洗干净。

（4）用拖把将地面擦拭干净，不要留有水渍，防止滑倒。

（5）厨房和卫生间要经常打开窗户通风换气，防止物品霉变。

第五节　家居美化

在做好家庭清洁的同时，如何利用有限资源让家庭变得更加美丽，也是一位优秀家政服务员所具备的能力之一。

一、用家具美化家居

家具是每一个家庭环境中必不可少的组成部分，家政服务员较少有机会直接参与到雇主家具选择的过程中。若有参与机会，可提醒雇主注意以下两点。

（1）与环境协调。家具的观赏性必须要与居室的整体风格、色彩、面积等方面协调一致。

（2）符合实际需要。家具除了具有美化居室的作用外主要是为了满足个人和家庭的实际需要。因此，选择家具需要从实际出发，兼顾实用性、观赏性，以实用性为主。

二、用饰品美化家居

在摆放饰品饰物时，应根据环境的整体气氛，充分发挥居室环境的潜在美感。

（1）大小适合，内容恰当，色调和谐。例如，卧室内侧可悬挂幅面不太大的画，以亲情为主，充满温馨；客厅餐桌上方可挂静物写生画，同时又摆放上实用的碗、杯、瓶等，只要配置和谐，会有特别的情调。

（2）根据雇主喜好精心布置。在了解雇主喜好的情况下，合理利用现有的饰品资源，会有意想不到的收获。

三、用植物美化家居

现代人常常会用鲜花、绿色植物等装饰自己的家。家政服务员应了解一些常见植物的特性，以提高自己的服务质量。

（1）吊兰。在卧室摆放植物首推吊兰。据测定，一盆吊兰24小时内可将室内的一氧化碳、二氧化硫、氮氧化物等有害气体吸收干净，起到空气过滤器的作用。

（2）绿萝。绿萝不仅能有效吸收有害气体，且其蔓茎自然下垂，绿萝茎细软，叶片娇秀，具有很高的观赏性。

（3）虎尾兰，龙舌兰。其具有吸收甲醛的功效，卫生间湿气大，宜放盆虎尾兰，能吸湿、杀菌。

（4）芦荟。一盆芦荟相当于九台生物空气清洁器。当室内有害空气过高时，芦荟的叶片就会出现斑点，这就是求援信号。只要在室内再增加几盆芦荟，室内空气质量又会趋于正常。

（5）文竹。文竹含有的植物芳香，有抗菌成分，可以清除空气中的细菌病毒，具有保健功能。所以，文竹释放出的气味有杀菌功能，是消灭细菌和病毒的防护伞。

（6）富贵竹。富贵竹是适合卧室的健康植物，可以帮助不经常开窗通风的房间改善空气质量，具有消毒功能。富贵竹有效地吸收废气，使卧室的私密环境得到改善。

（7）君子兰。君子兰能释放氧气，是吸收烟雾的清新剂。特别在寒冷的冬天，由于门窗紧闭，室内空气不流通，君子兰会起到很好的调节空气的作用，保持室内空气清新。

第七章　服装的洗涤与熨烫

第一节　服装的洗涤

一、各种织物服装的洗涤

（1）棉织物。棉织物的耐碱性强，不耐酸，抗高温性好，可用各种肥皂或洗涤剂洗涤。洗涤前，可放在水中浸泡几分钟，但不宜过久，以免颜色受到破坏。贴身内衣不可用热水浸泡，以免使汗渍中的蛋白质凝固而黏附在服装上，且会出现黄色汗斑。浅色棉织衣物变黄，可以在水中加洗洁剂一起煮 20~30 分钟，再以清水搓洗即可恢复原貌。

用洗涤剂洗涤时，最佳水温为 40~50℃。漂洗时，可掌握少量多次的办法，即每次清水冲洗不一定用很多水，但要多洗几次。每次冲洗完后应拧干，再进行第二次冲洗，以提高洗涤效率。应在通风阴凉处晾晒衣服，以免在日光下暴晒，使有色织物褪色。

（2）麻织物。麻纤维刚硬，抱合力差，洗涤时要比棉织物轻些，切忌使用硬刷和用力揉搓，以免布面起毛。洗后不可用力拧绞，有色织物不要用热水烫泡，不宜在阳光暴晒，以免褪色。

（3）丝绸织物。丝绸织物洗前，先在水中浸泡 10 分钟左右，浸泡时间不宜过长。忌用碱水洗，可选用中性肥皂或皂片、中性洗涤剂，洗液以微温或室温为好。洗涤完毕，轻轻压挤水分，切忌拧绞，应在阴凉通风处晾干，不宜在阳光下暴晒，更不宜烘干。如果有汗液，则不能过夜。

（4）羊毛织物。羊毛不耐碱，故要用中性洗涤剂或皂片进行洗涤。羊毛织物在30℃以上的水溶液中会收缩变形，故洗涤温度不宜超过40℃。通常用室温（25℃）水配制洗涤剂水溶液，洗涤时切忌用搓板搓洗，即使用洗衣机洗涤，应该轻洗，洗涤时间也不宜过长，以防止缩绒。

洗涤后不要拧绞，用手挤压除去水分沥干。用洗衣机脱水时以半分钟为宜。应在阴凉通风处晾晒，不要在强日光下暴晒，以防止织物失去光泽和弹性以及引起强力的下降。

（5）黏胶织物。黏胶纤维缩水率大，湿强度低，湿强度只有干强度的40%左右。水洗时要随洗随浸，不可长时间浸泡。黏胶纤维织物遇水会发硬，洗涤时要轻洗，以免起毛或裂口。用中性洗涤剂或低碱洗涤剂，洗涤液温度不能超过45℃。洗后，把衣服叠起来，大把地挤掉水分，切忌拧绞，忌暴晒，应在阴凉或通风处晾晒。

（6）涤纶织物。先用冷水浸泡15分钟，然后用一般合成洗涤剂洗涤，洗液温度不宜超过45℃。领口、袖口较脏处可用毛刷刷洗。洗后漂洗干净，可轻拧绞，置阴凉通风处晾干，不可暴晒，不宜烘干，以免因热生皱。

（7）腈纶织物。基本与涤纶织物洗涤相似，先在温水中浸泡15分钟，然后用低碱洗涤剂洗涤，要轻揉、轻搓。厚织物用软毛刷洗刷，最后脱水或轻轻拧去水分。纯腈纶织物可晾晒，但混纺织物应放在阴凉处晾干。

（8）锦纶织物。先在冷水中浸泡15分钟，然后用一般洗涤剂洗涤（含碱大小不论）。洗液温度不宜超过45℃，洗后通风阴干，勿晒。

（9）维纶织物。先用室温水浸泡一下，再用一般洗衣粉洗涤，切忌用热开水，以免使维纶纤维膨胀和变硬甚至变形。洗后晾干，避免日晒。

（10）羽绒服装。羽绒服装可以干洗也可以水洗。水洗时先用冷水浸泡润湿，再挤出水分，放在30℃左右的洗衣粉中浸透，然后把服装平摊在台板上，用软毛刷刷洗。洗好后用清水漂清，再将服装摊平，用毛巾盖上，包好后挤出羽绒服的水分，也可以将其放入网兜沥干水分。最后用衣架将羽绒服挂于阴凉通风处晾干，待羽绒服干透后，用小棒轻轻拍打，使其蓬松，恢复原样。

（11）毛衣。在洗涤前，应先拍去毛衣上的灰尘，把毛衣放在冷水中浸泡10~20分钟，拿出后挤干水分，放入洗衣粉溶液或肥皂片溶液中轻轻搓洗，再用清水漂洗。为了保证毛线的色泽，可在水中滴入2%的醋酸（食用醋亦可）中和残留在毛衣中的肥皂。洗净后，挤去毛衣中的水分，抖散，装入网兜，将毛衣挂在通风处晾干，切忌绞拧或暴晒毛衣。

（12）蚕丝被。蚕丝被内胎不可水洗和干洗。使用时请用被套等外罩物，以保护蚕丝被。

二、服装的除渍

（1）墨渍。如果一旦沾上墨渍，应立即用肥皂洗涤，否则难以去除。一般常取米饭、粥等热淀粉加少许食盐用手揉搓，再放到温肥皂水中搓洗。如果是陈渍可用4%的大苏打液刷洗。如果浅色织物上有残渍，一方面可用上述方法重复几次；另一方面可以用较浓的肥皂和酒精液反复擦洗，后用清水漂净。

（2）黑墨水渍。可先用甘油润湿，然后用四氯化碳和松节油的混合液搓洗，再用含氨的皂液进行刷洗，最后用清水漂净。如果还有残渍，可用上述方法重复几次。

（3）红墨水渍。可先放在冷水中浸泡较长时间，然后在皂液中搓洗，最后用清水漂净。也可先用甘油将织物润湿，约10分钟后用含氨水的浓皂液刷洗，最后用清水漂净。如有陈渍，可用上述方法重复几次。

（4）蓝墨水渍。先把衣服浸湿，然后涂上高锰酸钾稀溶液，且边涂边用清水冲洗，当污渍色泽从蓝变成褐色时，可涂上2%的草酸液冲洗，最后用清水漂净。

（5）铅笔渍。如果弄上铅笔渍应立即用橡皮擦，然后用肥皂洗，最后用水漂净。也可以先用酒精液擦洗，最后用清水漂净。如果有残渍，可用太古油2份、氯仿1份、四氯化碳1份，氨水1/2份的混合液进行搓洗，最后用清水漂净。

（6）彩色铅笔渍。一般采用干洗除渍，如果留有残渍可先用石脑油充分润湿，然后加几滴松节油，再用有机清洁剂进行搓洗，最后用清水漂净。

（7）蜡笔渍。一般用汽油可揩去，也可以用肥皂的酒精溶液洗除。如果还有残渍，可先用松节油后用有机清洁剂揩除。

（8）汗渍。除毛、丝织物外，可先把织物浸泡在氨水液中，使汗渍中的脂肪质有机酸与氨水中和，然后用清水清洗，最后用苯去除汗渍中的脂肪渍，再用清水漂净。如果是毛、丝织物的汗渍，则用柠檬酸或1%的盐酸液洗涤，然后用清水漂净，切忌用氨水；如果是白色织物中留有残渍，可用3%的双氧水漂白。如果还留有臭味，可先用温水浸泡，然后再浸泡在10%的醋酸中片刻，取出后用水漂洗，再用蛋白质酶化剂温湿处理约2小时，最后清水漂洗即可除臭。

（9）颈后领垢污渍。可用挥发性油剂擦除，也可用"衣领净"等洗涤剂进行搓洗，最后用清水漂净。

（10）血渍。切忌用热水洗，因为血遇热会凝固黏牢。丝、毛织物上的血渍可先在冷水中或稀氨液中浸泡，然后再用皂液洗净，清水漂净，如果仍有残渍，可用蛋白质酶化剂温湿处理，然后用肥皂洗，最后用清水漂净。其他织物上染的血渍可用冷水或肥皂的酒精液洗涤，如果仍有残渍，可先滴双氧水在血渍处，然后用肥皂的酒精液洗除，最后用清水洗净。

（11）铁锈渍。轻微污渍用热水即可去除。蛋白质纤维织物上有铁锈渍，可用草酸和柠檬酸的混合水溶液稍加热后涂在污渍上，然后清水漂净；纤维素纤维织物上有铁锈渍，可用食盐和醋酸的混合液涂在污渍上，等 30 分钟后再清洗，如果仍有残渍，可用上述方法重复几次直至去除为止。

（12）焦斑渍。焦斑渍严重，则只能用织补处理。焦斑渍轻微，可把纤维素纤维织物放在阳光下暴晒，刷除焦斑后用 3% 的双氧水喷水，稍等片刻再用清水洗净，然后将织物在阳光下晒几天，如果仍有残渍，可用 3% 的双氧水漂白；蛋白质纤维上的轻微焦斑渍可用肥皂液清洗，如果仍有残渍，可重复几次；白色织物上有焦斑可用 2% 的双氧水进行漂白，也可先浸泡在含有硼酸钠的肥皂液中若干小时，取出后用清水漂净。

（13）霉斑。新霉斑可用热的肥皂液刷洗。亚麻织物沾上霉斑可用次氯酸钙漂白液洗涤，等霉斑消失后再水洗。如果是霉斑的陈渍，蛋白质纤维和合成纤维织物可用氨水进行洗涤，然后涂上高锰酸钾溶液，最后用亚硫酸氢钠溶液水洗；白色织物可用 3% 的双氧水进行漂白处理；有色织物可用 15% 的酒石酸搓洗，最后用清水漂净。

（14）油漆渍。一旦沾上油漆渍应尽快除去，否则变成陈渍则难以去除。毛、丝织物和合成纤维织物上沾有油漆渍，可用氯仿与松节油或松节油与乙醚的等量混合液搓洗。如果是油漆的陈渍，则除此之外，还要用苯、石脑油或汽油搓洗，可重复几次。纤维素纤维织物则可选用苯、石脑油、汽油、火油、松节油、肥皂的酒精液擦洗，再用肥皂液搓洗，最后用清水漂净。

（15）鞋油渍。可用汽油、松节油或酒精擦除，再用肥皂洗净，最后用清水漂净。

第二节　服装的熨烫

熨烫是服装整理过程中不可缺少的一道工序，它利用热可塑性原理对服装进行热定型。经过熨烫，可使服装平挺，轮廓线条清晰，外形美观。要熨烫的衣物必须先洗干净，否则衣物上的污点熨后会更明显。

一、熨烫三要素

（1）温度。熨烫时要尽量垫湿布，以免织物出现极光。垫湿布可以防止由于熨斗温度掌握不当而损坏织物，混纺和交织织物的熨烫温度以其中耐热性最差的为准，有些针织物，如膨体纱织物不能熨烫，否则会使织物失去蓬松性和弹性，影响织物的实用性。熨烫时熨斗要来回移动，不能在一处停留时间较长，以免衣物过热发生变形或焦煳。

（2）湿度。熨烫服装时，只控制熨烫温度是不够的，如果没有水分就会焦煳。所以应在服装上喷洒一些水或垫上一层湿布，加水的程度视材料的种类与厚薄而定，一般厚的服装材料含水量需多一点，而薄的服装材料含水量可少一些。但不是所有的服装材料都需要加湿熨烫，如柞蚕丝、维纶等服装根本不能加湿熨烫，加湿熨烫会使服装产生水渍或引起严重的收缩。

（3）压力。服装的整烫压力应随服装的材料及造型、褶裥等要求而定。通常对于裤线、褶裥裙的折痕，熨烫时压力可大些；对于灯芯绒、平绒等起绒衣料，压力要小或烫反面；对长毛绒等衣料，则应用蒸汽而不宜熨烫，以免绒毛倒伏或产生极光而影响质量。

二、各种织物服装的熨烫

（1）棉织物服装熨烫。棉织物的熨烫效果比较容易达到，但其保型性差，因此棉织物需要经常熨烫。整烫棉织物温度要高180℃左右，由于棉材质全干时不易烫得平整，烫棉织物时最好适度喷些水，使湿气均匀渗透后再行熨烫，可以事半功倍。醋会侵蚀棉织品，因此类似果汁等酸性物质沾染棉织物时，最好立即以清水处理,以免污渍停留过久而难以清除。

(2) 麻织物服装熨烫。麻织物主要有苎麻布、亚麻布。麻织物熨烫前必须喷上水或洒上水(洒水后 0.5 小时,待水滴匀开后再熨烫),含水量一般控制在 20%~25%。可以在织物的反面直接熨烫,熨斗的熨烫温度应控制在 175~195℃。白色或浅色麻织品的正面也可以用熨斗熨烫,但温度要低一些,以 165~180℃为宜,但褶裥处不宜重压,以免纤维脆断。

(3) 丝绸服装熨烫。丝绸服装要从反面轻些熨,不宜喷水。如果喷水不匀,有的地方就会出现皱纹。丝绸织品不小心被烫黄,可用少许苏打粉掺水调成糊状,涂在焦痕处,待水蒸发后再垫上湿布熨,便可消除黄迹。

(4) 毛料服装熨烫。毛料服装具有收缩性,熨毛料衣服的方法应在反面垫上湿布再熨,以免发生极光现象。在垫湿布情况下,可使服装光泽柔和,其熨烫效果在服装干态时可以保持不变。一旦洗涤后,毛料服装需要重新熨烫才能使服装平服。呢子料被烫黄时,可先洗刷,让烫黄的地方失去绒毛露出底纱,然后再用针尖轻轻磨挑无绒毛处,直到挑起新的绒毛,再垫上湿布顺着织物绒毛的倒向熨烫。

(5) 皮革服装熨烫。皮革服装熨烫温度不可过高,熨烫时须垫上棉布,然后不停地来回均匀移动熨斗。

(6) 黏胶织物服装熨烫。黏胶织物服装熨烫比较容易,但不宜用力拉扯服装材料,以防变形。

(7) 合成纤维服装熨烫。整烫尼龙衣物要用低温,大约140℃以下。

(8) 领带熨烫。先用厚一点的纸剪成一块衬板,插进领带的反面,然后便可熨烫,这样熨出的领带平整美观。

(9) 羽绒服装熨烫。羽绒服装不宜用电熨斗熨,若出现皱褶时,可用一只大号的搪瓷茶缸,盛满开水,在羽绒服上垫上一块湿布再熨,这样做不会损伤面料,还能避免衣服表面出现难看的光痕。

（10）毛衣熨烫。毛衣、针织质料这一类的衣服，如果直接用熨斗去烫会破坏组织的弹性，最好用蒸汽熨斗喷水在皱褶处。如果皱得不是很厉害，可以挂起来直接喷水在皱褶处，待其干后就会自然顺平。还有一种方法可挂在浴室内，利用洗澡的热蒸汽，使其平顺。

（11）长裤熨烫。烫长裤时先将裤子翻过来，口袋掀开，先烫裤裆附近，其次烫口袋、裤脚和侧缝缝合处。将裤子翻至正面，整个裤子烫绕一圈，然后右脚内侧、右脚外侧、左脚内侧、左脚外侧，最后把两裤管合起来修饰一番。

注意事项：熨斗要避免拉，烫褶线时可用大头针固定，用棉花蘸少许食醋沿裤线擦一擦，裤线会笔挺，深色或熨斗会磨亮的布料，最好加盖烫布再烫。

（12）百熠裙熨烫。烫裙子的顺序是：先裙内里，再裙腰，最后裙身。

注意事项：整条裙先从反面烫，翻正面后再稍加修饰；百褶裙得用大头针固定裙身，烫好后用专用夹群架吊起来。

（13）衣领熨烫。无领衣服的领口部位，不论是圆形、尖形或方形的，在整烫时都注意不要把它拉开变形，最好先固定形状再加以熨烫；如果是有领片的，不要将领褶线烫死，只要熨烫以后，趁它还温热时用手翻折轻压，这样领片看起来会比较挺拔。

无论是何种衣物，不妨在垫布上喷少许花露水，这样熨过的衣服清香宜人，香味持久。整烫完毕后不宜马上打包或收进衣橱，需吊在通风处或冷气室内（熨衣蒸汽）蒸发，必要时可用吹风机吹干，这样才不会发霉。

想一想

学看衣服上吊牌，分析组成成分，分析该服装的洗涤、保养与熨烫的注意事项。

第八章 家庭安全与防范

家政服务员的工作场所是每一个家庭，且经常单独处于家中，了解家庭安全常识，做好防范，对工作的顺利开展具有积极意义。

第一节 家庭用电安全

一、常识

（1）使用合格的电线、电源插座、电器设备。不私拉乱接电线，不在一个插座上连接过多电器。

（2）大功率电器要使用专线，尽量不长时间使用，家中无人时要切断电源。

（3）定期检查电器线路，对绝缘层老化、损坏的线路要及时提醒雇主更换，要检查线路接头是否正常，如要修补必须用绝缘胶布。

（4）电源插头、插座应布置在幼儿接触不到的地方。

（5）家用电器发热部位一定不能靠近可燃、易燃物品，充电器不能在家中无人时充电。

（6）进行家用电器的修理、清洁时应先断开电源，不能用湿手更换灯泡、灯管，应用干布（不准用湿布、湿纸）擦拭灯泡和家用电器。

（7）使用家庭电淋浴器洗澡时一定要先断开电源，并要有防护措施。

二、现场救护

（1）如发现有人触电，应立即拉闸断电，并用竹竿、木棍挑开电线，使伤员脱离险境。不能用手直接去拉触电者。

（2）在浴室或潮湿的地方，家政服务员要穿绝缘胶鞋或站在干燥的木板、凳子上挑离电线，以确保自身安全。

（3）对呼吸心跳停止的触电者，应立即进行现场心肺复苏，同时拨打"120"急救电话直到专业人员到达。

（4）如出现烧伤，不要将敷料直接覆盖在烧伤的创面上，不要弄破创面上的水疱，不要剥离在创口上的东西，不要在创口上涂抹任何药品。

第二节　家庭安全防范

（1）邻里之间团结和睦、互相照应是加强防范的最好良药。当遇到陌生人在住所附近徘徊时，一定要多加小心，必要时进行监视、盘查或拨打"110"报警。

（2）爱护公共防盗设施，出入公共防盗门要随手关门。不要将公共防盗门的钥匙借给朋友，不随便为不认识的人开启防盗门。

（3）当你在上下楼之间、楼梯口遇到陌生人时，要警惕，勿与陌生人同进楼，必要时询问对方找谁，防止对方突然袭击。家政服务员独自在家时，对陌生人以查水电、气、房屋修缮、电器维修、借用物品、推销产品等理由叫门时，不要随意开门让其进入。

（4）要经常检查家居的各个门窗等，损坏要及时更换。不要把钥匙交给不懂事的小孩，出入家门时随手关房门。外出和临睡前，要仔细检查门窗是否有松动的情况，对临街和较为偏僻的门窗适当进行加固，楼房住户将门窗关闭（厨房、厕所、阳台为重点部位)。

(5) 对不明底细的人,不能随便往家里带。自己的住处、电话号码等不要随便告诉陌生人,发现可疑对象设法报警。在不能确保自己的呼叫能够得到邻里的协助时,切忌盲目呼叫,以免受到伤害。一旦发现或发生被盗现象,不要惊慌,更不要轻易翻动现场,要迅速拨打"110"电话报警。另外,家庭安全预防为先。

第三节　火灾防范与自救

一、早报警

家中失火后,不要慌张,早点报火警,报警愈早,损失愈小。记住火警电话"119"。报警要口齿清楚,讲清家庭所在的方位、街道、门牌号码以及着火的物品种类,留下联系电话,并且派人到路口迎接。

二、快逃生

不管任何地方发生火灾,火势较大时都要设法逃生,不要贪恋财物。逃离时,要用湿毛巾、湿衣服、湿布类等掩住口鼻。烟雾较浓时,膝、肘着地,不要深呼吸,匍匐前进。带婴儿逃离时用湿布轻蒙在他的脸上,爬行逃出。逃离前把着火房间的门关紧。如果火势较大,应立即往自己身上泼水浸湿衣服,或浸湿棉被裹住身体,迅速冲出房屋。

三、闭门窗

如果是楼下失火无法转移逃离时,应关闭门窗,并打湿棉被、衣物等将门窗的空洞缝隙堵塞。此时楼道上烟气影响视线,毒气能致命,不能选择楼梯逃生。

四、莫跳楼

楼梯间充满烟气，唯一出路被封死后有些人会错误地选择跳楼。但从 10 米以上（三四层楼高）的高度往下跳，很少活命，最要紧的是求救。如果烟气进入房间，人可到阳台上与外界保持联系，将通往阳台的门窗锁好，可用湿毛巾、口罩避烟，等待救援。

五、要自救

火势凶猛，无法从楼梯、楼道逃生，如果家里备有安全绳，可系好安全绳从窗口逃生。只能选择跳楼时，要先向下面丢棉被等弹性物品作缓冲。尽可能抓住可攀物下滑，降低落下高度。同时保持身体张力，使两脚落地，降低受伤害风险。火灾逃生时，不应乘坐电梯，以免停电被困或燃烧被烫。

第四节　煤气中毒的防范与救治

（1）要注意通风。屋里生火炉取暖，或用燃气热水器洗澡时，不要把门窗关得太严，要注意通风换气，最好在窗户上留下通风孔。

（2）要经常检查煤气管道和燃气具的烟道、烟囱，防止烟道堵塞和漏气，如发现漏气、堵塞时要请专业人员及时抢修。

（3）在生炭火盆或用煤球炉、蜂窝煤炉取暖时，一定要在屋外点好，等火旺后再搬到屋里来，晚上睡觉前要搬到屋外去。同院邻居之间要互相照应，一旦发生中毒，可以及时发现，及时抢救。

（4）万一家中煤气、液化气泄漏，首先要关掉煤气总开关、液化气总阀，打开门窗，让空气自然流通。千万不能开灯，不能在室内拨打电话或手机，不能开启或关闭家用电器，以免产生电火花，引起爆炸。要迅速疏散老年人、儿童到安全的地方，及时拨打电话报警，并通知周围邻居做好相应准备。

（5）万一有人发生煤气中毒，应当赶快抢救。要把门窗打开，通风换气，并把中毒者抬到空气新鲜的地方，让其平躺下，解开衣扣和裤带，盖好被子，防止着凉。对中毒较轻的人，可以让他喝些浓茶、鲜萝卜汁和绿豆汤等；对呼吸衰竭或呼吸停止的人，应当立即进行人工呼吸；中毒严重的要立即送医院抢救治疗。

第五节　食物中毒防范与急救

食物中毒临床表现：常有恶心、呕吐、腹痛、腹泻等症状。发病与食物有关。食物中毒主要发生在夏季，以节假日的聚餐和宴席为多。

一、食物中毒预防

（1）要选用新鲜食物，防止食品被有毒物质污染，选购卫生检疫合格的肉类食品，不吃腐败变质的食品，不吃过期食品，购买无污染的食品。

（2）食品加工前，食品原材料要彻底清洗处理，生、熟食品要分开。

（3）需加热的食品要充分加热，烧熟煮透。

（4）熟肉类食品应快速降温后低温储存，存放时间尽量缩短。

（5）不食用陌生人提供的食品或来历不明的食品。

（6）不吃发芽的土豆、新鲜黄花菜或没有煮熟的四季豆，切勿采食自己不认识或从来没吃过的野蘑菇。

二、急救措施

（1）发现病人后立即拨打"120"急救电话，或者立即将病人送往就近医院。

（2）对未昏迷的轻度中毒病人，可以进行催吐、洗胃，并在有人陪同下前往医院。

（3）对昏迷的病人，应保持呼吸道通畅。对呼吸心跳停止者，要立即进行人工呼吸和胸外挤压。

主要参考文献

傅彦生. 2018. 家政服务员 [M]. 太原：山西经济出版社.

马利军，马黎，刘路. 2017. 家政服务员 [M]. 天津：天津科学技术出版社.

钱焕琦，熊筱燕. 2017. 家政服务员：高级 [M]. 北京：机械工业出版社.